汉竹编著·亲亲乐读系列

新生儿婴幼儿
护理百科

胡亮 主编

江苏凤凰科学技术出版社

全国百佳图书出版单位

·南京·

图书在版编目（CIP）数据

新生儿婴幼儿护理百科 / 胡亮主编 . —南京：江苏凤凰科学
技术出版社，2021.08
（汉竹·亲亲乐读系列）
ISBN 978-7-5713-1228-2

Ⅰ.①新… Ⅱ.①胡… Ⅲ.①婴幼儿－哺育 Ⅳ.① TS976.31

中国版本图书馆 CIP 数据核字 (2020) 第 116103 号

凤凰汉竹

中国健康生活图书实力品牌

新生儿婴幼儿护理百科

主　　　编	胡　亮	
编　　著	汉　竹	
责 任 编 辑	刘玉锋　黄翠香	
特 邀 编 辑	苏清书　李佳昕　张　欢	
责 任 校 对	仲　敏	
责 任 监 制	刘文洋	

出 版 发 行	江苏凤凰科学技术出版社
出版社地址	南京市湖南路1号A楼，邮编：210009
出版社网址	http://www.pspress.cn
印　　刷	合肥精艺印刷有限公司

开　　本	720 mm×1 000 mm　1/16
印　　张	14
字　　数	280 000
版　　次	2021年8月第1版
印　　次	2021年8月第1次印刷

标 准 书 号	ISBN 978-7-5713-1228-2
定　　价	49.80元

图书如有印装质量问题，可向我社印务部调换。

很多新手爸妈都认为，是在真正带孩子的时候才开始学会如何做合格的父母的。

当宝宝用一声响亮的啼哭向世界宣告他到来的时候，许多新手爸妈除了欣喜，还有初为父母的担忧和不自信。面对各种突发情况，很多新手爸妈都会显得手足无措。尽管之前看过各种相关资料，浏览过众多育儿网站，但是真正用于"实战"的时候才发现，之前搜集的资料不知如何运用。

"凡事预则立，不预则废"，作为新手爸妈，在宝宝出生前，就应该找到一部集新生儿喂养、护理、疾病应对、性格养成和婴幼儿的喂养、护理、防病、性格和习惯养成等为一体的百科全书，系统地了解新生儿、婴幼儿护理的方方面面。从基础做起，争当合格优秀的好父母。

为此，本书总结众多新手爸妈实际遇到的育儿问题，并依据婴幼儿养护理念，对新手爸妈关心的新生儿、婴幼儿时期的哺乳、护理、疾病防护、性格养成和管教技巧等重要方面进行系统解读，给出不同阶段宝宝的发育情况，并且结合宝宝不同阶段能力发育给出专业的教养指导。本书关注日常细节，对一些育儿方面的疑难问题以儿科医生解答的形式为新手爸妈答疑解惑，并配有鲜明的图示、图解，简化阅读的同时更为直观，一看就懂，明明白白地带孩子，轻轻松松地培养健康聪明的宝贝。

为了给宝宝最好的照顾，爸爸妈妈不仅要在物质层面尽其所能做足准备，在精神层面也应不断更新育儿知识，用全面、细致的养护知识陪伴孩子的成长。相信有了本书的陪伴，各位新手爸妈能从容不迫地应对小宝宝的各种"刁难"，做更加优秀的父母！

10 个新生儿护理常识

宝宝口腔不要用力擦拭

新生儿的口腔黏膜又薄又嫩，不要试图用力擦拭它。要保持新生儿口腔的清洁，可以用纱布蘸温水，拧干后套在手指上，伸入新生儿口腔轻轻擦拭，上腭不要遗漏。夜奶后，也可以用指套牙刷清洁。

宝宝擦屁股有讲究

给宝宝擦屁股，尽量使用儿童湿巾，不能为图省事用尿布为宝宝擦屁股。尿布经过宝宝的尿液和粪便的污染后布满细菌，不可用来擦拭宝宝的皮肤，这样不卫生。

宝宝脐带脱落小常识

不同宝宝的脐带脱落时间不同，一般 1~3 周自然脱落，最长不超过 5 周。平时做好宝宝脐带的消毒即可，可以使用专用的消毒液消毒，如有化脓流血的情况要及时就医。

新生儿衣物管理

为新生儿挑选衣物，要选用手感柔软的纯棉衣物，且保证是正规厂家生产的童装，商标、合格证、产品质量等级等标志齐全。不要选择有金属、纽扣或小装饰的衣服。此外，新生儿衣物最好选择专门的地方储存，不要与爸爸妈妈的衣物放在一起，以免沾染细菌。

新生儿耳朵和鼻腔的护理

新生儿的耳朵和鼻腔不宜频繁护理。因为这个时候小宝宝的鼻腔黏膜和耳道比较薄嫩，不恰当的护理会损伤宝宝的鼻黏膜和耳膜，给宝宝造成伤害。一般情况下宝宝的鼻孔都会很通畅，但在感冒时可能有分泌物堵塞鼻孔，这时就要帮助宝宝把分泌物清理出来，但不可过于用力。

新生儿不宜长时间抱着

新生儿每天的睡眠时间需要达到20个小时左右，才能保证身体的生长发育，而久抱新生儿会影响其睡眠质量，影响宝宝的生长发育和健康。所以在新生儿期间，除了喂奶、换尿布、拍嗝等情况外，尽量不要过多抱宝宝。

新生儿前3个月不要用枕头

刚出生的宝宝还不需要用枕头，因为他的脊柱是直的，平躺时后背与后脑自然地处于同一平面上，如果垫上枕头反而容易使脖颈弯曲，影响呼吸。所以不必担心宝宝睡觉没有枕头会不舒服，或者会让颈部肌肉紧绷而引起落枕。宝宝3个月后脊柱出现颈曲，这时可以根据宝宝的情况开始用薄枕头了。

宝宝跟妈妈睡还是单独睡

宝宝可以跟妈妈睡同一个房间，但不要同床睡觉。宝宝跟妈妈睡一个房间，可以感受到妈妈熟悉的气息，会睡得安稳，而且如果宝宝出现饿了、哭闹等情况，妈妈也会及时知晓；不在同一张床上睡觉，是为了避免妈妈翻身时压到宝宝对宝宝造成伤害。

空心掌助宝宝吐出痰液

如果宝宝感冒了很容易引起肺炎、咳嗽等，此时的宝宝还不会吐痰，即使痰液已咳出，也只会再吞下。妈妈可以把宝宝轻轻抱起横向俯卧在大腿上，用空心掌自下而上给宝宝拍背帮助他排痰，注意力度轻柔和控制频率。

黄疸未退可以打乙肝疫苗吗

宝宝满月时要接种乙肝疫苗的第2针，但有些宝宝的黄疸仍然未退，是否能继续打疫苗？此时要分析宝宝的情况，如果为母乳性黄疸，体重增长正常则无须延期打疫苗，注射乙肝疫苗不会使新生儿母乳性黄疸加重。如果宝宝精神状态不好，身高、体重增长不理想，很可能是病理性黄疸，建议爸爸妈妈先带宝宝到正规医院儿科进一步诊治。

第一章 新生儿

第二章 1~3 个月

第三章 4~6 个月

第四章 7~9个月

第五章 10~12 个月

第六章 1岁

第七章 2岁

第八章 3 岁

第一章 新生儿

在面对新出生的宝宝时，新手爸妈是不是小心翼翼，甚至不知道怎么去抱他？要怎么喂他吃奶？怎么给他穿衣服？怎么给他清洗？……一连串的问题让新手爸妈焦头烂额，请教老人，指导的方法可能并不科学，请教带过宝宝的朋友也是说法不一，询问医生也做不到事无巨细。本章内容就可以帮你解答这些难题。

新生儿的五大能力

大运动 —— ①

- 新生儿出生 4 周，运动能力有了一定的发展：四肢经常摆来摆去，小手有抓握反射，喜欢蹬腿，而且还很有力呢！
- 手或脚常常不由自主地抖动。
- 总是握紧两个小拳头。
- 一听到声响就会吓得全身紧缩。

② —— 精细运动

- 新生儿神经系统发育不成熟，宝宝睡着后偶尔会有局部的肌肉抽动现象。此时，可以将宝宝抱在怀里，或者用毯子将宝宝包起来，就可以使宝宝安静下来。
- 睡着后手指或脚趾会轻轻地颤动，下巴也会不由自主地抖动。

语言交流能力 —— ③

- 新生儿用哭声来表达自己的需求和不适，有时宝宝会发出"ei""ou"等音。不要忽略这一个小小的举动，他们并不是在简单模仿大人，而是用不同声音向你表达不同的情绪。

④ —— 社会适应能力

- 新生儿具有惊人的沟通能力，他们用的是特殊的非语言社交技能：通过头部、手臂、手、脚和躯干的运动，注意周遭的人和物，用笑和哭来跟大人沟通。
- 用面部表情反映自己的情绪。
- 不舒服时就哭。
- 家人逗宝宝时，他会愉快地笑。

认知能力 —— ⑤

- 如果妈妈跟宝宝说话，宝宝会一直盯着妈妈看；妈妈如果走开，宝宝的视线会追随妈妈。
- 家人放下宝宝，在一边说话时，宝宝自己会把头转到这边。
- 会和爸爸妈妈进行眼神交流。

喂养

母乳是宝宝最好的食物，母乳喂养是最科学的喂养方法。如果因为一些原因不能做到纯母乳喂养，还可以采取混合喂养或人工喂养，这些方式都可以让宝宝健康成长。

母乳喂养

母乳温度、出乳速度合适，而且有利于宝宝牙齿、骨骼的生长；初乳含有大量免疫物质，能增强宝宝抵抗疾病的能力。

初乳不容浪费

一般情况下，若分娩时妈妈、宝宝一切正常，半小时后就可以开始哺乳。宝宝出生后 1 小时妈妈的乳房会分泌一些淡黄色浓稠的液体，千万不要以为这是没用的东西，其实这是极其珍贵的初乳。

营养高：初乳中含有大量的蛋白质、维生素、无机盐与微量元素，营养价值高。

提高宝宝抵抗力：初乳除了含有一般母乳的营养成分外，更含有抵抗多种疾病的抗体、免疫球蛋白。初乳中的免疫球蛋白对提高宝宝抵抗力、促进宝宝健康发育，有着非常重要的作用。

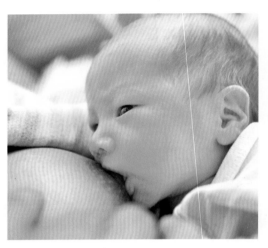

保护宝宝肠道：初乳中含有保护肠道黏膜的物质，有刺激肠蠕动的作用，可加速宝宝胎便排出，减轻宝宝生理性黄疸。

尽早吸吮是母乳喂养成功的基础

宝宝出生后，应该尽早进行哺乳，这样可以促进乳汁分泌。因为乳汁的产生是受神经调节和激素调节控制的，通过宝宝不断吸吮而产生的刺激，泌乳的信号会传入妈妈的大脑，让妈妈的身体尽快分泌乳汁。

儿科医生说 不宜母乳喂养的情况

虽然母乳喂养对母婴双方都有益，但如果妈妈有以下疾病时，为了妈妈和宝宝的身体健康，不宜进行母乳喂养：

■ 母亲患有严重感染、传染性疾病时，如活动性肺结核、急性肝炎、甲型肝炎、乙型肝炎大三阳、梅毒、艾滋等严重疾病。

■ 严重心脏病、肾脏疾病、甲状腺疾病、糖尿病、恶性肿瘤、精神病、癫痫等疾病。

■ 哺乳期有吸烟、喝酒甚至吸毒等不良嗜好。

母乳喂养，你绝对可以

母乳不仅为宝宝提供了充足的营养，也提供了最好的亲子交流机会。母乳喂养的妈妈，产后恢复快，并能大大降低乳腺癌的发病率。

不管顺产还是剖宫产，产后半小时都要哺乳

产后半小时内，只要新生儿表现出饥饿就应该喂奶。6 小时内，频繁的肌肤接触和反复哺乳，更有利于妈妈大量分泌催乳素。因此，不管是顺产还是剖宫产，建议新妈妈都可以产后半小时内开始哺乳。

第一次喂奶，注意放松心情

妈妈要树立信心，相信自己能够分泌足够的乳汁哺育宝宝。多了解母乳喂养的知识和好处，认识到只有母乳才是婴儿最理想的天然食物。母乳喂养是宝宝健康成长的重要保证，它不仅使宝宝体格健壮，而且可促进宝宝的心理和行为健康发展。

哺乳前的准备工作

如果这是你第一次生宝宝，那么在怀孕的时候你就应该先做好准备，应对哺乳中遇到的问题。给自己强大的心理暗示：我一切都准备好了，我能应付所有状况！除了心理上的准备，哺乳前，妈妈还需要花几分钟时间做一些具体的准备工作。

1 在喂奶之前，洗净双手，用温湿毛巾擦拭乳头及乳晕，并用手进行热敷、按摩，使乳腺充分扩张。

2 准备一个吸奶器，以备母乳过多，在宝宝吃饱后，吸出剩余乳汁，这更有利于乳汁分泌。

3 种常见的哺乳姿势

给宝宝喂奶，对妈妈来说是一项极大的挑战，为了让妈妈少走弯路，在这里，给妈妈介绍 3 种常见的哺乳姿势，妈妈可以从中找到最适合自己的哺乳姿势。

1 摇篮式：用手臂的肘关节内侧支撑住宝宝的头，使他的腹部紧贴妈妈的身体。

2 环抱式：用左前臂支撑宝宝的背，让宝宝的颈和头枕在妈妈的手上。

3 侧卧式：让宝宝侧躺在床上，脸朝向妈妈，使宝宝的嘴和乳头保持水平。

让宝宝含住乳晕

妈妈哺乳时，一定要让宝宝含住乳头和大部分乳晕，这样才能有效地刺激乳腺分泌乳汁。如果宝宝吃奶不费力，而妈妈也不感觉到乳头疼痛，那就是正确的。

母乳是宝宝最好的食物

母乳含有宝宝所需的各种营养。

营养比例适合宝宝：母乳中的蛋白质与矿物质含量虽不如牛乳，却能调和成利于吸收的比例，使宝宝得到营养的同时，不会增加消化及排泄的负担。母乳中也有良好的脂肪酸比例、足够的氨基酸及乳糖等物质，对宝宝大脑发育有促进作用。

含有多种抗体：母乳中有抵抗病毒入侵的免疫抗体，可以有效防止 6 个月之前的宝宝被麻疹、风疹等病毒侵袭，以及预防哮喘之类的过敏性疾病等。

尽早哺乳：产后 7 天内分泌的初乳（含免疫因子、糖蛋白），对新生儿的免疫机能有很大益处，妈妈应尽早给宝宝哺乳。

每天哺乳不少于 8 次

妈妈分泌乳汁后 24 小时内应该哺乳 8~12 次。哺乳时让新生儿吸空一侧乳房后再吸另一侧乳房，也可以两侧乳房轮换着喂。如果宝宝未将乳汁吸空，妈妈应该自行将乳汁挤出或者用吸奶器把乳汁吸出。

儿科医生说 哺乳时的注意事项

在哺乳时，妈妈要注意以下三点：

■ **注意宝宝的呼吸**：宝宝的鼻尖轻碰妈妈的乳房，这样宝宝的呼吸是通畅的。如果妈妈的乳房阻挡了宝宝的鼻孔，可以试着轻轻按下乳房，协助宝宝呼吸。

■ **妈妈要多补充水分**：每次喂奶之前及中间，最好喝一杯水、果汁或食用其他补水食物，有助乳汁充盈，避免妈妈自身脱水。

■ **按需喂奶、多喂勤喂**：新生儿不需要定时哺乳，宝宝饿了就要喂奶，一般在下奶后的最初一段时期内，平均24 小时哺乳 8~10 次。

宝宝拒绝吃奶怎么办

宝宝不像以前那么爱吃奶，有时甚至看见奶头就躲，这种情况多数是因为宝宝身体不适引起的。

宝宝用嘴呼吸，吃奶时吸两口就停，这种情况可能是由宝宝鼻塞引起的，应该为宝宝清除鼻内异物并认真观察宝宝的情况。

宝宝吃奶时，突然啼哭，害怕吸吮，可能是宝宝的口腔受到感染，吮奶时因触碰而引起疼痛。

宝宝精神不振，出现不同程度的厌吮，可能是因为宝宝患了某种疾病，通常是消化道疾病，应尽快送医院诊治。

母乳喂养的宝宝需要喝水吗

母乳喂养的宝宝一般不需要喝水，这是因为母乳中含有充足的水分，吃母乳的宝宝用不着另外补充水，母乳中的水分就可满足宝宝的需要。

要不要给宝宝补钙

宝宝出生后半个月，妈妈就要为宝宝补充维生素 D 了。如果宝宝没有明显的缺钙征象，就不要额外补充钙剂，只要每天补充维生素 D 400 国际单位（相当于 10ug）就可以了，这是预防量。因为母乳（或奶粉）中含钙量较高，而维生素 D 的含量较少，因此必须额外补充维生素 D，以促进钙的吸收。另外，晒太阳也是促进钙吸收的一个方法。

宝宝拒绝吃奶时，妈妈要耐心寻找原因，采取相应措施。

新生儿每天的吃奶量

宝宝刚开始吃奶的量是非常少的，因为胎便还没有完全排出，所以不要期望宝宝能大口大口地咽奶。但宝宝每天的奶量是成倍增长的，刚开始的时候，宝宝每次可能只吃5~8毫升奶，第二天每次就能吃10~16毫升，一周后每次就能达到50~70毫升。

宝宝的吃奶量
新生宝宝的胃口很小，虽然吃奶次数很多，但每次吃奶量都不多。

育儿误区　误认为吃饱的表现

- 吃饱了不一定要睡觉：有些宝宝就算吃饱了也不爱睡觉，妈妈不要觉得宝宝不睡就是没吃饱。

- 打嗝不代表吃饱了：宝宝吃奶后打嗝主要是由于吃奶的时候吸入了空气，或者是腹部受凉引起的。

- 溢奶不代表饱了：有些宝宝在吃完母乳后会出现溢奶、吐奶、呛奶的情况，是因为宝宝吃奶时吸进了空气，不要错误地以为是宝宝吃饱了或者吃撑了。

宝宝会发出吃奶信号

宝宝不会讲话，所以很多时候父母搞不明白宝宝要干吗。其实，宝宝会用很多方式给父母发信号，吃奶信号是父母最先要弄懂的宝宝语言。

宝宝饿了的表现

宝宝饿的时候会哭闹，毕竟孩子还不会说话，只会通过哭闹来表示自己饿了，很不舒服。宝宝还会做出努嘴、用鼻子拱乳头等寻找乳房的动作。

按需喂养

在最初的一两个月，哺乳不要限定时间间隔，宝宝饿了或母亲感到奶胀了，就可以喂奶。"按需哺乳"可以使宝宝获得充足的乳汁，并且有效地刺激泌乳。同时，宝宝的需要被及时满足，会激发宝宝身体和心理上的快感，最基本的快乐就是宝宝最大的快乐。

宝宝吃饱的 6 个信号

1 听宝宝吞咽声：宝宝平均每吸吮两三次可以听到咽下一大口，10~20 分钟就可以吃饱了。

2 观察吃奶时长：不是喂奶时间越长越好，喂奶时间太长可能是因为母乳不足，宝宝吃不饱。

3 看睡眠：宝宝在吃饱后会安静睡觉，有满足的表情，睡眠时长能接近 2 小时。

4 看排泄：吃饱的宝宝每天尿 8 次以上，排黄色稀糊状粪便四五次。

5 看体重：哺乳充足的宝宝体重增长良好，宝宝第 1 个月能增重 600 克以上。

6 感受乳房胀不胀：喂奶前乳房胀，喂奶后没那么胀。

多接触多吸吮，让奶水更充足

　　妈妈的奶水越少，越要增加宝宝吸吮的次数，这个屡试不爽的"催奶秘籍"让无数的妈妈成功地实现了母乳喂养。由于宝宝吸吮的力量较大，正好可以借助宝宝的嘴巴来按摩乳晕。而且，宝宝的吸吮可以让妈妈体内产生更多的催乳素，乳汁自然会越来越多。

如何巧妙地从宝宝口中抽出乳头

- 将食指伸进宝宝的嘴角，慢慢让他把嘴松开，再抽出乳头。
- 用手指轻压宝宝的下巴或下嘴唇，这样会使宝宝松开乳头。

乳头疼痛时的哺乳方法

- 改变衔乳姿势。
- 先吃不疼的一侧。
- 使用乳头罩。

儿科医生说
宝宝吃奶那些事

吃饱了要拍嗝： 妈妈要轻拍宝宝的背部，助宝宝排气。

吃饱后竖着抱： 宝宝吃饱后竖抱 20 分钟左右，以免宝宝溢奶。

饿的时候，也要控制奶量： 宝宝饿时妈妈要"剪刀式"哺喂，以防呛到宝宝。

不要含着乳头睡觉： 含乳头睡觉会影响牙齿正常发育；有发生窒息的危险。

吮手指不代表饿了： 宝宝可能只是在满足初期的吸吮欲望。

乳头异常怎么哺乳

哺乳对于妈妈和宝宝来说都是一个技术活儿，尤其是对那些乳头异常的妈妈。不过乳头异常的妈妈也不必沮丧，你和宝宝只要多努力一点，一样可以使喂奶和吃奶成为很简单的事。

乳头异常的几种情况

导致乳头异常的原因分为内因和外因，内因指先天乳头内陷、乳头过小等，外因多是由于喂奶姿势和宝宝衔乳姿势不正确引起的。

乳头内陷：正常情况下，乳头应高于乳晕平面 0.5~1 厘米，如果低于这个标准则属于乳头内陷。乳头内陷妈妈的哺乳方法是每次将乳头轻轻拉出然后送入宝宝口中，或使用模拟乳头贴在妈妈乳头上让宝宝吸吮。

乳头过小：乳头直径与长度都在 0.5 厘米以下的，被称为小乳头。小乳头妈妈在哺乳过程中会发现，宝宝比较不容易含住乳

只要采取正确的方法，乳头异常的妈妈也能正常哺乳。

头吸吮，但只要让宝宝连乳晕一起含住，还是可以轻松进行母乳喂养的。

乳头皲裂：哺乳时一定要将乳头和乳晕一起送进宝宝的口中。每次哺乳前，妈妈没有必要过分清洗乳头，只需经常更换内衣即可。特别是不要用肥皂去清洗，因为这样会使乳头部位的皮肤干燥，容易皲裂。另外，用温毛巾热敷乳房可以使乳房变软，能缓解哺乳妈妈乳头皲裂的情况。

应对乳头皲裂疼痛的方法

乳头发生皲裂时，妈妈可在每次哺乳后挤出一点奶水涂抹在乳头及乳晕上，让奶水中的蛋白质促进皲裂乳头的修复。另外，用维生素 E 涂抹在乳头上也很有效，或用熟的植物油也可以。

儿科医生说 新妈妈生病时该如何哺乳

产后的妈妈容易出汗，加上抵抗力下降及产后的忙碌，生病很常见。此时该不该给宝宝喂奶就成了妈妈的一个难题，生病会不会影响乳汁的成分，对宝宝不利呢？有什么方法能快点好呢？

- 对于患了感冒、高热、急性扁桃体炎、肺炎、尿路感染等感染性疾病的妈妈来说，不应擅自停止喂奶，但必须在医生的指导下进行治疗，尽量避免服用对宝宝有不利影响的药物。

- 如果是单纯性的感冒，要注意休息、加强营养，注意卫生、勤洗手，避免对着宝宝呼吸，喂奶时最好戴口罩。同时，家人要帮忙多照顾宝宝，给新妈妈足够的时间休息以便早日康复，也能一定程度上避免感冒的传染。

剖宫产妈妈哺乳

尽早哺乳有助于提高宝宝的抵抗力

母乳喂养是提高剖宫产宝宝抵抗力、预防过敏的最好办法。剖宫产宝宝比顺产宝宝的抵抗力要弱，发生过敏、感染的风险较高，因此，剖宫产的妈妈更应注意尽早给宝宝哺乳。

宝宝多吸吮可以促进子宫收缩

剖宫产的妈妈更应该让宝宝多吸吮、勤吸吮，这是因为剖宫产妈妈子宫收缩相对会慢一些，而宝宝的吸吮可以促进子宫收缩，加速子宫恢复。因此，医生都会鼓励剖宫产妈妈让宝宝多多吸吮。

剖宫产后为何初乳少

剖宫产后宝宝不能像顺产宝宝那样在出生后 30 分钟内就能吸吮到妈妈的乳头，建立泌乳反射的过程就会随之延缓。

妈妈手术前后饮食受到限制，会导致身体营养不足；妈妈的伤口疼痛，也会影响到哺乳情绪，疼痛产生的肾上腺素还会抑制乳汁的分泌。顺产会促进泌乳素及催产素的分泌，但剖宫产缺乏这个过程。

剖宫产妈妈也要尽早开奶

剖宫产妈妈同样要尽早开奶，虽然妈妈身体受损和体内泌乳素的迟至都会使剖宫产妈妈乳汁分泌不及顺产妈妈快，但是只要剖宫产妈妈让宝宝频繁吸吮，也能快速开奶。

尽早哺乳，有利于剖宫产妈妈和宝宝。

剖宫产后输液会影响哺乳质量吗

产后输液通常是为了消炎以预防感染，虽然会有一些药物通过血液循环进入母乳，但是很快就会被排出体外，因此对乳汁分泌和乳汁成分的影响是微乎其微的。而且正规医院产科在剖宫产后输液的药品上都会优先选用对乳汁没有影响的药品，在这方面妈妈们可以放心。

混合喂养

很多妈妈在产后面临着母乳不足或不能按需哺乳的情况，此时可以采取混合喂养，既能保证宝宝的营养供给，又不会导致妈妈回乳。

什么情况下必须混合喂养

在宝宝出生后的头一两个月内，很多宝宝吸吮母乳的次数都会非常频繁，这是正常的，宝宝吃母乳的次数多不一定说明母乳不足。因为宝宝刚出生时，他的胃容量很小，很容易饿。如果宝宝还很小，那么在考虑要不要给他添加配方奶粉进行混合喂养时，需要特别谨慎。如果宝宝出现以下情况，需要考虑混合喂养。

新生儿的体重下降幅度超过正常值：宝宝在出生后的前 10 天，体重会下降，为出生时体重的 5%~10%。10 天或半个月后，宝宝会开始每天增重 50 克左右。到满月时，宝宝体重会比出生时增长 1000 克左右。如果宝宝体重下降幅度超正常值或 3 周后体重增加不足，可考虑混合喂养。

24 小时内尿湿的尿布不足 6 块：宝宝长到第 5 天之后，24 小时内尿湿的尿布不足 6 块，说明宝宝没有得到足够的营养。

情绪和状态不好：宝宝一天里的大部分时间都很烦躁或特别嗜睡，此时也应混合喂养。

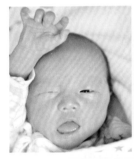

尽量不要放弃母乳喂养

混合喂养最容易发生的情况就是放弃母乳喂养。妈妈一定要坚持给宝宝喂奶，有的新妈妈奶下得比较晚，但随着产后身体的恢复，乳量可能会不断增加，所以不要过早放弃母乳喂养。

儿科医生说 避免不必要的混合喂养

母乳是妈妈给宝宝最好的食物，必要情况下的混合喂养既能让宝宝吃到母乳，又能保证宝宝生长所需的总奶量。但是，一定要避免不必要的混合喂养。

- **不要过早添加奶粉，以免影响母乳分泌：**如果在宝宝一两个月大时就添加配方奶粉，可能会影响宝宝吸吮乳头的次数和每次吸吮的奶量，最终会导致母乳分泌不足。

- **相信自己：**在坚持母乳喂养的过程中，情绪因素对妈妈的影响尤其大。妈妈应该相信自己，可以通过自己的努力让宝宝吃到更多的乳汁。

- **学习哺乳知识：**可以增加宝宝吸吮乳头的次数，尤其是夜晚的喂奶次数。通过正确的哺乳方法，宝宝频繁的吸吮和喂奶后排空乳房，加上适当吃催奶食物，大多数妈妈都可以将母乳喂养持续到宝宝 6 个月大。

初始混合喂养注意事项

产后因母乳不足，或妈妈体虚不能按需哺乳时，可适当给新生儿添加配方奶粉做补充，进行混合喂养。

定时哺乳

如妈妈因工作原因，白天不能哺乳，加之乳汁分泌不足，可在每天特定时间哺喂，一般不少于 3 次，这样既能保证母乳分泌，又可满足宝宝每次的需奶量。

适当补水

遇到炎热或干燥天气，可以考虑给宝宝喝一些水。补水的时间一般安排在两次喂食之间。新生儿只需要喝少量的白开水，10~20 毫升即可。

冲泡奶粉时的基本注意事项

不同品牌的奶粉会有不同的冲泡剂量与方法，要阅读食用说明，并且不要混用量勺称量不同品牌奶粉。给宝宝喂奶粉前要用手臂内侧试试温度，不烫不凉时可喂给宝宝。

混合喂养的两种方法

混合喂养一方面可以保证妈妈的乳房按时受到宝宝吸吮的刺激，从而维持乳汁的正常分泌，让宝宝摄取到丰富的营养；另一方面也利于增进母婴感情，使宝宝得到更多的母爱，增加安全感。

1 补授法：补授法是在喂完母乳后，立即给宝宝加喂配方奶粉的方法。该法适合 6 个月以内的宝宝，可以促进妈妈的泌乳反射，从而使乳汁分泌量增加，但容易导致宝宝消化不良。

2 代授法：一次喂母乳，一次喂配方奶粉或代乳品，轮换间隔喂食，这种方法叫代授法。该法适合 6 个月以后的宝宝，有助于逐渐过渡到代乳品和辅食，为以后断奶做准备；缺点是容易使母乳分泌量减少。

宝宝吃母乳时没吃饱，哭闹不止，影响生长，这种情况可以采用补授法，即先喂母乳，再吃配方奶。

人工喂养

配方奶粉是人工喂养的好选择

虽然母乳是宝宝最好的食物，但由于各种原因，新妈妈不能选择母乳喂养时，人工喂养就成了必然选择。相对于母乳喂养，人工喂养确实有很多缺点和麻烦，但如果新手爸妈掌握了人工喂养的方法，选用优质的乳品或代乳品，调配恰当，也能满足新生儿的需要，让宝宝聪明健康地成长。

给宝宝喂奶要定时定量

- 人工喂养的原则是定时定量，按照相应月龄奶粉说明供给。

- 找出适合宝宝的喂奶间隔时间。

冲调配方奶粉选水有讲究

不要选择矿泉水或矿物质水：宝宝的身体各器官娇嫩，肝脏、肾脏等发育尚未完善，不能承受矿泉水或矿物质水中丰富的矿物质代谢，用这些水冲奶粉会加重宝宝各脏器的运行负担。

不要使用放置时间过长的开水：给宝宝冲调奶粉时，最好不要选用放置时间过长的开水，即使是储存在保温壶中的也不好，这是因为放置时间过长的水会被细菌污染。

不要使用久沸的水：长时间煮开或反复煮开的水不适宜饮用，更不适合用来给宝宝冲调奶粉。

不要使用硬水软化器"软化"过的水：最好不用"软化"过的水为宝宝冲调奶粉。因为软化水是利用钠盐置换原理，来除去水中多余的钙、镁等离子的，可能会增加"软化"过的水中的钠含量，不利于宝宝健康。

定期清洁家用滤水器：有了宝宝后，及时清洗家里安装的滤水器，并对其进行检测，以免滤水器中藏有的细菌进入水中，影响宝宝健康。

不但要选对奶粉，还要选对冲奶粉的水。

儿科医生说
人工喂养宝宝需注意

人工喂养宜定期称重：每月称重后，记录在生长发育图上，进行比较。

人工喂养与母乳喂养姿势相似：让宝宝躺在妈妈怀里，略微倾斜奶瓶。

避免吸入空气：放入宝宝口中的奶嘴应充满奶水，以免吸入空气，导致吐奶。

调试好奶水的温度：喂奶前用手腕试温度，以不感到烫或凉为宜。

冲调奶粉时浓度宜适中：用奶粉桶中配的量勺，按照说明严格操作。

正确挑选奶瓶和奶嘴
奶瓶的选择

从制作材料上分，奶瓶主要有两种——玻璃制和 PC 制。

玻璃奶瓶更适合新生儿，由妈妈拿着喂宝宝。形状最好选择圆形，因为新生儿时期，宝宝吃奶、喝水主要是靠妈妈喂，圆形奶瓶内颈平滑，里面的液体流动顺畅，适合新生儿使用。

PC 奶瓶有个最大的优点就在于其轻巧不易碎，宝宝月龄大时，可以让宝宝自己拿，方便出门时携带。

奶嘴的选择

1 奶嘴有橡胶和硅胶两种。相对来说，硅胶奶嘴没有橡胶的异味，容易被宝宝接纳，且不易老化，有抗热、抗腐蚀的特性。圆孔小号最适合尚不能控制吸奶量的新生儿使用。

2 最好买同一品牌的同一种口径奶瓶，这样奶嘴就能互换。一般大号、中号、小号奶瓶各一个就够了。小号奶嘴备两个，一个用于喝水，一个用于吃奶；大号奶嘴可以多备几个，因为宝宝使用大号的时间会比较长。同时奶嘴每天至少要消毒一次。

育儿误区 频繁更换配方奶

- 选定了一种品牌的配方奶，没有特殊情况就不要轻易更换。如果频繁更换，会导致宝宝消化功能紊乱和哺喂困难，无形中增添了喂养的麻烦，必须更换时，也不能太频繁。

- 新配方奶应从少量开始逐渐增加，若宝宝反应无异常，则可以继续增加至全部更换为止。这个过程需要一周左右的过渡时间。

冲调奶粉时的注意事项

- 操作前，洗净双手并擦干。

- 注意冲调比例，水和配方奶的剂量严格按照说明操作。

- 冲奶的水温不宜过高或过低，应以相应奶粉的说明书上标示的温度为准。

护理

新生宝宝已经成为家庭中的一员了，吃喝拉撒睡都要爸爸妈妈来料理，还需要爸爸妈妈的护理和关爱。宝宝被照顾得舒舒服服，才能健康快乐地成长。

新生儿穿衣

新手爸妈在为宝宝选购、清洗、穿脱、储存衣服时要注意一些细节，以免贴身衣物对宝宝柔嫩的皮肤造成伤害。

新生儿衣服的选择

宝宝的衣物常常被称之为宝宝的"第二层皮肤"，那么，怎样给宝宝选购衣服呢？

安全：选择正规厂家生产的童装，上面有明确的商标、合格证、产品质量等级等标志。此外，睡衣应选防火阻燃材质。

舒适：纯棉衣物手感柔软，能更好地调节体温。注意衣服的腋下和裆部是否柔软，贴身的那面不要带有线头。

宝宝穿合适的衣服，舒服又健康。

方便：前开衫的衣服比套头的方便，松紧带的裤子比系带子的方便，但要注意别太紧了。

给宝宝选择柔软舒适的棉质衣物

棉织品透气性好，会帮助宝宝更好地调节体温，而且棉织品容易吸水，保暖性强，质地柔软，色彩浅淡，洗涤方便，适合宝宝柔嫩的肌肤。

儿科医生说 婴儿衣服最好用专用洗衣液清洗

婴儿专用洗衣液成分相对比较安全，对宝宝的皮肤刺激小，可以去除宝宝衣物上常见的奶渍、果渍、尿渍、油渍等顽固污渍。

婴儿洗衣液的用法其实很简单，把洗衣液倒进水里，然后把衣物放进去泡几分钟，再进行搓洗就可以了。

婴儿洗衣液的品牌和种类很多，建议尽量挑选正规厂家生产的品牌，以保证宝宝的安全和健康。

宝宝衣物的清洗和存放

宝宝的皮肤娇嫩，清洗衣物也要和成年人区别对待，否则稍不注意，就会引发皮肤问题，甚至是健康问题。那么，宝宝的衣物清洗要注意哪些细节呢？

机洗还是手洗

机洗、手洗都可以（参考衣服标签），针对特殊污渍需要提前清理，用40℃左右温水和专用清洗剂洗涤。

给宝宝洗衣服的洗衣机要经常消毒杀菌，以免细菌残留在宝宝的衣服上，影响宝宝健康。

内外衣物要分开洗涤

宝宝的内衣和外衣最好分开洗涤。通常情况下，宝宝的外衣要比内衣脏，因为外衣沾染的细菌和污垢要多，分开洗涤，避免二次污染。

尽量不和成年人衣物混洗

在清洗宝宝的衣物时，注意不要和成年人的衣物混洗。因为成年人衣物上沾有的细菌对抵抗力较弱的宝宝来说，可能存在健康隐患。所以尽量单独清洗宝宝的衣物，最好给宝宝准备专用的盆具。

新生儿衣服存放要注意

- 要彻底洗净、晒干后再存放。
- 置放于干燥、通风的地方。
- 不宜放樟脑丸。

如何给宝宝穿衣服

只要方法得当，给宝宝穿衣并不是一件复杂的事。一起来学习如何给宝宝穿上衣吧。

1 先将衣服平放在床上，让宝宝平躺在衣服上。

2 将宝宝的一只胳膊抬起，先向上再向外侧伸入袖子中。

3 将身子下面的衣服向对侧稍稍拉平整。抬起宝宝另一只胳膊，使肘关节稍稍弯曲，将小手伸向袖子中，并将小手从袖口拉出来。

4 再将衣服扣子系好就可以了。

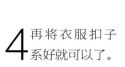

新生儿的日常护理

面对娇小的宝宝，新手爸妈一时真的有点手足无措呢！好不容易学习了喂奶和穿衣，轮到抱宝宝时可能又变得小心翼翼了。别着急，一起来学习一下！

怎样抱宝宝最舒服

看着软糯可爱的宝宝，新手爸妈一定很想把他抱在怀中，爱不释手。但刚出生的宝宝全身还是软绵绵的，看上去是那么娇柔，颈部和背部肌肉发育还不完善，无力支撑头部使其抬起。因此，用最安全、舒服的姿势来抱宝宝至关重要。

抱宝宝的重点是动作轻柔，保护好头部、颈部和腰部，给宝宝头、颈和肢体很好的支持，不仅要舒服，还要让宝宝有安全感。符合此保护要点的抱宝宝姿势有以下两种，新手爸妈早了解，就能更好地抱宝宝。

和宝宝心贴心抱：将宝宝抱起，面对面，心贴心，一只手托住他的臀部，护住腰部，另一只手护住颈部和后背。妈妈可以轻拍宝宝的后背，也可以轻轻摇动身体，这是一种让宝宝感到安全和舒服的姿势。

趴卧于手臂上：将宝宝面向下抱着，让宝宝的小脸颊一侧靠在妈妈的前臂上，双手托住他的躯体，让他趴在双臂上，宝宝非常高兴，很喜欢这样的抱姿。

抱新生儿要保护好头颈部

一般来讲，此时的宝宝比较适合横抱于臂弯中，因为宝宝的脖子还很软，所以此时不建议采用竖抱的姿势抱宝宝。

儿科医生说 宝宝哭闹时不要摇晃宝宝

- 有的新手爸妈在哄哭闹的宝宝时总将宝宝摇来摇去，甚至还举得很高。殊不知，过分猛烈的摇晃动作会使宝宝大脑在颅骨腔内不断受到震动，影响脑部的生长。

- 婴儿受到持续摇晃而对其脑部产生的损害，被称为摇晃婴儿综合征，常见于2岁以下的宝宝，在孩子最容易哭闹不止的阶段，发生率最高。

- 当宝宝的头部被剧烈摇晃时，由于新生儿大脑发育不完全，可能会引起脑水肿、脑挫伤、脑出血，颅内的血管也可能会撕裂出血，导致一系列严重的后果，包括永久性脑损伤、视网膜出血等，甚至死亡。所以新手爸妈谨记不要用摇晃的方式哄宝宝。

抱新生儿时要保护好头颈部，切记一定不要猛烈摇晃宝宝。

抱宝宝的注意事项

看着可爱的小宝宝，很多新手爸妈早已迫不及待地想要把他抱在怀中，好好爱抚他。然而小宝宝的身体过于柔软，四肢不安分，总是乱动，许多新手爸妈想抱宝宝，也了解了抱宝宝的方式，但还是无从下手。不要着急，掌握以下两点注意事项，就可以放心地和宝宝亲密接触啦！

承托好宝宝各部位

年轻的父母们要知道，新生儿还不能自我控制头部肌肉，因此在抱新生儿时，一定要承托好宝宝身体的各个部位。

新生儿不宜久抱

新生儿每天的睡眠时间需要达到 20 个小时左右，才能保证身体的成长，而久抱新生儿会影响其睡眠质量，影响宝宝的生长发育和健康。所以在新生儿期间，除了喂奶、换尿布、拍嗝等特殊情况外，尽量不要过多地抱宝宝。

教你轻松抱宝宝

小宝宝娇小、可爱，家人们总觉得爱不够、亲不够，不知不觉就要多抱抱他、亲亲他，但新生儿柔软、娇弱，新手爸妈往往不敢抱，其实只要爸爸妈妈抱的方法得当，对宝宝是不会有任何影响的，但不宜久抱。抱宝宝之前，新手爸妈先用眼神或声音吸引宝宝，引起他的注意，以避免惊吓到宝宝，然后可以参照下面的方法将宝宝抱到自己怀中。

1. 把手放在新生儿头下：把一只手轻轻地放到新生儿的头下，用手掌包住整个头部，注意要托住新生儿的颈部，支撑起他的头部，以免他的头后仰。

2. 另一只手去抱屁股：稳定住头部后，再把另一只手伸到新生儿的屁股下面，包住新生儿的整个屁股。

3. 慢慢把新生儿的头支撑起来：托起宝宝时，力量集中在两个手腕上，发力时要用腰部和手部的力量配合，抱起新生儿。

新生儿私处洗护

出生不久的小宝宝除了吃、喝、睡就是拉和尿了。宝宝每天要大小便多次，护理好小屁屁十分必要。宝宝的私处十分娇嫩，也需要爸爸妈妈的精心护理。

男宝宝外生殖器的日常护理

爸爸妈妈需要注意男宝宝外生殖器的日常护理，因为男宝宝的外生殖器皮肤组织很薄弱，几乎都是包茎，很容易发生炎症。清洗时要先轻轻抬起宝宝的阴茎，用一块柔软的纱布轻柔地蘸洗根部。然后清洗宝宝的阴囊，这里褶皱多，较容易藏匿汗污。腹股沟的附近，也要仔细擦拭。

清洗宝宝的包皮时，用右手拇指和食指轻轻捏着宝宝阴茎的中段，朝他身体的方向轻柔地向后推包皮，然后在清水中轻轻地洗。向后推宝宝的包皮时，千万不要强力推拉，以免给宝宝带来疼痛。清洗男宝宝外生殖器的水，温度应控制在40℃以内，以免烫伤宝宝娇嫩的皮肤，理想的温度是接近宝宝的体温，即37℃左右。

给女宝宝清洗外阴要从前向后擦

较之于男宝宝，女宝宝的外阴更需要妈妈细心护理。

每次给女宝宝换尿布时以及每次大小便后，用柔软、无屑的卫生纸巾由前向后擦拭她的尿道口及其周围，以免不小心让粪便残渣进入宝宝阴部。

给女宝宝清洗外阴时，最好每天用温水清洗两次，方法如下：

1 用一块干净的纱布从中间向两边清洗宝宝的小阴唇，再从前往后清洗她的阴部。

2 接下来清洗宝宝的肛门。尽量不要在清洗肛门后再擦洗宝宝的阴部，避免交叉感染。

3 再把宝宝大腿根缝隙处清洗干净，这里的褶皱容易堆积汗液。

4 用干净的毛巾擦干。

男女宝宝的生理结构不同，护理方法也各有侧重。

你会给宝宝擦屁屁吗

给宝宝擦屁股看起来是一件小事，但如果不注意细节和方法，就会使宝宝的皮肤受到极大的损伤，甚至危害他们的健康。以下4点注意事项告诉妈妈们如何正确为宝宝擦屁股：

1 用儿童湿巾擦屁股。宝宝大小便后，有些父母为了图省事，用尿布顺便为宝宝擦擦屁股就了事。但这种做法不好，尿布经过宝宝的尿液和粪便的污染后布满细菌，用来擦拭宝宝的皮肤，不卫生。为宝宝擦屁股时，应使用专用的儿童湿巾，既清洁又杀菌。

2 力度要适当。宝宝大便次数多，尤其是母乳喂养的宝宝，每天擦屁股的次数也多。爸爸妈妈在为宝宝擦屁股时，一定要掌握好力度。可以拿湿纸巾蘸着擦，不要来回擦拭。如果擦不干净，就用清水给宝宝洗洗屁股。

3 擦拭方法有讲究。为女宝宝擦屁股一定要由前往后擦，以防肛门处的细菌进入阴道；男宝宝睾丸下面要清洁到位，否则残留的污物会损伤皮肤。

4 擦净屁股后，一定要用温水清洗。清洗完屁屁后，擦干，涂抹护臀膏。

尿布和纸尿裤

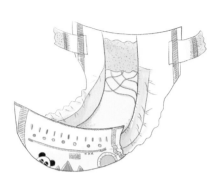

家有宝宝，是用尿布还是纸尿裤？这也许在老人和年轻父母之间会引起争议。其实尿布和纸尿裤都可以用，妈妈可以根据自家宝宝的情况进行选择。

尿布与纸尿裤

传统尿布：尿布大都是棉布材质，质地柔软，既环保又省钱；缺点是宝宝尿尿后无法保持表面干爽，必须赶紧更换。

纸尿裤：纸尿裤使用方便，减少了频繁换尿布的麻烦，并且能使宝宝的小屁屁保持干爽；缺点是透气性差，不够经济实惠。

怎样为宝宝选购合适的纸尿裤

宝宝是家里的宝贝，所以关于宝宝的一切物品，父母都想给他最好的，像纸尿裤这样的贴身物品，则更是马虎不得。但市面上的纸尿裤品牌众多，该如何选择呢？

先试用：在没有确定哪种纸尿裤适合自己的宝宝之前，最好先选择小包装的试用，并从舒适性、透气性、吸水量、有无侧漏以及尺寸大小几个方面进行评价。

经济性：虽说价格贵一点的纸尿裤会比较好，但也没有必要完全以价格作为衡量标准。因为只有适合宝宝的，才是最好的。

纸尿裤与尿布搭配使用

尿布质地柔软、透气性好，而且经济实用，但需要频繁更换；纸尿裤使用方便，能让宝宝的小屁屁保持干爽，但价格较高。对比尿布和纸尿裤，聪明的妈妈可以根据不同的情况进行选择，可以在外出和夜间时使用纸尿裤，白天在家用尿布，既节省费用又可发挥各自的优点。

宝宝皮肤和五官护理

宝宝的小嘴巴、小鼻子、小耳朵等都需要精心的呵护，才能保持干净健康。学习护理宝宝五官和皮肤，让宝宝更干净和健康。

新生儿的皮肤护理

新生儿皮肤娇嫩，角质层薄，皮下毛细血管丰富，要注意避免磕碰和擦伤。新生儿皮肤褶皱较多，易积汗，因此需要细心呵护，保持干爽。

护理要点： 不要使用任何洗涤用品，仅用清水即可，避免灰尘刺激皮肤。室温不宜过高，衣服不宜穿着过多，应给宝宝穿棉质、柔软、宽松的衣服。房间保持空气新鲜，清洁卫生。

护肤品要温和滋润： 宝宝皮肤娇嫩，因此妈妈在购买宝宝的护肤品时一定不能马虎，要看清产品的成分。沐浴用品选择弱酸性、无香精色素为佳。宝宝沐浴用品要现用现买，买时注意使用期限。

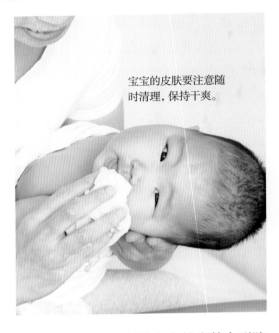

宝宝的皮肤要注意随时清理，保持干爽。

保持清洁： 皮肤是保护宝宝健康的有形防线，宝宝皮脂腺分泌旺盛，经常溢奶、大小便次数多……需经常给宝宝清洁皮肤。

每天都要给宝宝洗脸

为保持宝宝皮肤干爽，每天都要给宝宝洗脸，可将柔软的毛巾打湿后轻柔地擦拭宝宝的脸，然后给宝宝涂上婴儿面霜。

儿科医生说 如何护理宝宝皮肤褶皱部位

宝宝皮肤的褶皱处很容易滋生细菌，导致各种皮肤问题。在平日护理的时候，妈妈应该多加留心，同时合理地为宝宝使用婴儿专用护肤品，保证宝宝的肌肤洁净，才能健康成长。

■ **日常护肤：** 经常给宝宝裸露在外的部位，比如脸和手、脚，涂抹婴儿专用的润肤品。

■ **清洁护理：** 每天洗澡时，将皮肤褶缝扒开，清洗干净，特别是皮肤褶缝深的宝宝。

■ **保湿霜：** 宝宝沐浴完擦干后，立即全身涂抹保湿霜，也可选择液体爽身粉。

新生儿五官的护理

看着宝宝小巧可爱的五官，爸爸妈妈肯定会忍不住想要摸一摸、亲一亲。然而宝宝还太小，他的小嘴巴、小鼻子、小耳朵等都需要精心的呵护，新手爸妈应积极学习护理宝宝五官技巧，让宝宝更健康。

口腔的护理

新生儿的口腔黏膜又薄又嫩，如果发现宝宝口腔上颚中线两侧和齿龈边缘出现一些黄白色的小点，那是正常的生理现象，在宝宝出生后的数月内黄白色小点会逐渐脱落。妈妈应在每次哺乳前用温水清洗乳房，哺乳后帮宝宝清理口腔，保持宝宝口腔清洁。

眼睛的护理

小宝宝的眼睛很脆弱，眼部分泌物较多，每天早晨要用专用毛巾或消毒棉签蘸温开水从眼内角向外轻轻擦拭，去除分泌物。擦另一只眼睛时，应换一支新棉签。

鼻腔的护理

宝宝的鼻腔黏膜比较薄嫩，不要随意抠挖新生儿的鼻孔。一般情况下宝宝的鼻孔都会很通畅，但在感冒时可能有分泌物堵塞鼻孔，这时就要帮助宝宝把分泌物清理出来。

1. 用清水将棉棒浸湿。　2. 将湿棉棒放入宝宝的鼻腔轻轻擦拭。　3. 经一两分钟待鼻痂软化后再用干棉棒旋转着将鼻痂沾出。

耳朵的护理

妈妈千万要记住，不要轻易尝试给小宝宝掏耳垢，因为这样容易伤到宝宝的耳膜，而且耳垢可以保护宝宝耳道免受细菌的侵害。那么怎么清洁护理耳朵呢？

 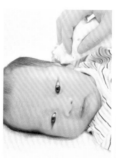 

1. 用棉签蘸些温水擦拭外耳道及外耳。　2. 用一块柔软的棉布在温水中浸湿，然后轻轻擦拭宝宝外耳的褶皱和隐蔽的部位。　3. 一定要注意耳背后的清洁卫生，可涂些食用植物油，如果发生耳后湿疹可涂湿疹膏。

正确看待宝宝的哭闹

育儿误区 宝宝一哭哄哄就好了

- 宝宝哭闹时，爸爸妈妈要镇静地寻找宝宝哭闹的原因，不要不问情况抱起就哄。

- 如果宝宝哭闹时口唇发青，这可能是因为体内血氧饱和度下降造成的不适引起的，这种现象可自行缓解，不必过于着急。如果宝宝久哭不停，则需就医。

- 宝宝越哄越哭时，不妨让宝宝哭一会儿发泄情绪；如果明显异常，哭闹超两个小时家长又找不到原因，则需就医。

读懂宝宝的哭声

宝宝不会说话，只会用不同的哭声来表达自己的需求和不适，爸妈要细心地学会读懂宝宝的哭声。找到宝宝哭闹的真正原因，采取正确的应对方式。

满足宝宝的需求

- 听懂了宝宝的哭声，给予相应的抚慰。
- 要充满耐心和爱心地应对宝宝的哭闹。

4 个妙招安抚爱哭的宝宝

1 找到宝宝哭的原因：如果宝宝饿了，妈妈却与他玩游戏；如果宝宝尿了，妈妈却抱着哄睡……哭声当然不会停止。所以一定要找到宝宝哭闹的原因，才能安抚宝宝。

2 吃小手：如果宝宝没有不适，不饿、没有大小便情况，可以把他的小手清洗干净，让他吃自己的小手排解无聊。

3 用抱被把宝宝包起来：当宝宝啼哭不止时妈妈可以用干净、柔软的抱被把宝宝包裹起来，但手脚要包裹得比较松，避免束缚到宝宝。

4 轻抚宝宝：当宝宝哭闹时，妈妈可轻抚宝宝的背部、头部或胸部。轻抚宝宝时，先从四肢开始，让宝宝慢慢适应，然后再做背部、头部、胸部的抚触。

儿科医生说
宝宝为什么哭

饿了：哭声洪亮，嘴不停地寻找，只要一喂奶，哭声马上就停止。

尿湿了：宝宝突然大哭起来，可能是尿布湿了，换块干的，宝宝就安静了。

冷了：手脚冰凉、身体紧缩，把宝宝抱起来或盖上被子，就不再哭了。

热了：如果宝宝哭得满脸通红，换薄被或减衣服，宝宝就会慢慢停止啼哭。

病了：当宝宝生病时，父母要提高警惕，及时送往医院。

小心对待宝宝的脐带

如何护理脐带

宝宝出生后，医生会将脐带结扎，但是残留在新生儿身体上的脐带残端，在未愈合脱落前，对新生儿来说十分重要，一定要护理好，以防止宝宝感染、生病等。平时穿脱衣服也要注意避免摩擦或碰到脐带，注意尿布不要覆盖脐带，以免尿液沾染脐带。

育儿误区 擦掉肚脐处的脏东西

■ 新生儿的肚脐愈合后，色素聚集在肚脐深部看起来脏脏的。

■ 色素沉着不会有任何不良影响，也没有治疗的必要。如果强行把"脏"擦掉，反而会刺激宝宝的局部皮肤，引起感染。

脐带的护理

1　脐带未脱落前，要保持脐带及根部干燥，出院后不要用纱布或其他东西覆盖脐带。还要保证宝宝穿的衣服柔软、透气，肚脐处不要有硬物。每天用医用棉球或棉签蘸浓度为75%的酒精擦一两次。擦拭时沿一个方向轻擦脐带及根部皮肤进行消毒，注意不要来回擦。

2　脐带脱落后，若脐窝部潮湿或有少许分泌物渗出，可用棉签蘸浓度为75%的酒精擦净，并在脐根部和周围皮肤上抹一抹。

脐带护理注意事项

■ 脐带脱落前注意防水。

■ 对肚脐上缘消毒。

■ 避免摩擦脐部。

■ 脐带不涂婴儿乳。

■ 不要自行去除脐带。

需要去医院的脐带问题

■ 脐周发红：肚脐和四面皮肤变得很红，用手摸起来感觉皮肤发热，有可能是肚脐出现了感染。

■ 流水：脐带脱落后用酒精消毒，保持脐带卫生，但仍流水不止，就属异常现象，应及时就医。

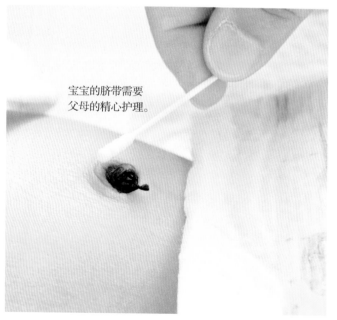

宝宝的脐带需要父母的精心护理。

睡眠

宝宝的睡眠就像给大脑及身体充电一样，在宝宝睡觉的过程中大脑及身体都在生长发育。宝宝睡眠不足有可能影响发育，新手爸妈要尽量让宝宝睡好觉。

宝宝的睡眠时间

新生儿平均每天睡 18~20 小时是正常现象，爸爸妈妈无须担心宝宝睡觉太多对身体不好。

足够的睡眠是宝宝的生长源泉

足够的睡眠对宝宝来说非常重要，婴幼儿睡眠质量直接关系到其身体发育和认知能力的发展。良好睡眠习惯的建立，对宝宝的一生有重要意义。

促生长：人类在睡眠时，体内生长激素的分泌量会增加，对于刚出生的宝宝而言，一天 24 小时都有生长激素分泌，所以新生儿多睡觉是好事。

提高智力：宝宝在熟睡之后，脑部血液流量明显增加，进而促进蛋白质的合成及宝宝智力的发育。而且宝宝睡得好，醒来时精神也会好。

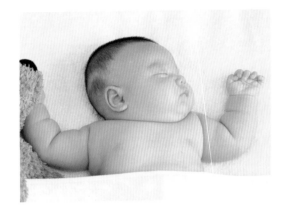

提高免疫力：在宝宝的生长发育过程中，充足的睡眠有利于促进激素的正常分泌，使得身体的免疫系统正常运行，让宝宝更健康。

不要抱着宝宝睡

抱着宝宝睡觉，既会影响宝宝的睡眠质量，还会影响宝宝的新陈代谢。另外，产后妈妈的身体也需要恢复，抱着宝宝睡觉，妈妈也得不到充分的睡眠和休息。所以，宝宝睡觉时，要尽量避免被抱着睡。

儿科医生说　从宝宝睡相看健康

正常情况下，宝宝睡眠时安静、舒坦，天热时头部微汗，呼吸均匀无声。如果宝宝患病，睡眠就会出现异常：

- 烦躁啼哭，入睡后呼吸频率较平时明显增快，或者躁动不安难以入睡，四肢发凉有寒战表现，则需要警惕发热来临。

- 入睡后翻来覆去，反复折腾，伴有口臭、腹部胀满，多是消化不良的缘故。

- 睡眠时哭闹不停，时常用手抓耳朵，可能是湿疹或中耳炎。

- 入睡后四肢抖动、哆嗦，这是由于新生儿神经系统发育不完善所致。

提供舒适的睡眠条件

宝宝安睡，妈妈省心，家人更放心。要想宝宝睡得安稳，爸爸妈妈就要给宝宝提供一个好的睡眠环境。

宝宝是跟妈妈睡还是单独睡：宝宝可以跟妈妈同一个房间，但不要同床睡觉。宝宝跟妈妈一个房间，可以感受到妈妈熟悉的气息，会睡得安稳，而且如果宝宝出现饿了、哭闹等情况，妈妈也会及时知晓。

新生儿不需要枕头：刚出生的宝宝一般不需要使用枕头，因为新生儿的脊柱是直的，平躺时，背部和后脑勺在同一平面上。如果给宝宝垫枕头，反而造成了头颈的弯曲，影响了宝宝的呼吸和吞咽。

调整好宝宝的睡姿：睡眠质量与睡姿有关，但出生不久的宝宝还不能自己控制和调整睡姿。为了保证宝宝拥有良好的睡眠，父母可以帮助宝宝调整睡姿。

读懂宝宝睡眠中的"小动作"

宝宝在睡觉时经常有一些"小动作"，你知道这是怎么回事吗？一起来了解一下吧。

1 吐舌头。是由于新生儿刚刚离开母体，对外界环境不适应造成的，吐舌的动作是无意识的。

2 张大嘴。宝宝睡觉时张大嘴或者用小嘴找奶吃，表明他处在浅睡眠的状态。

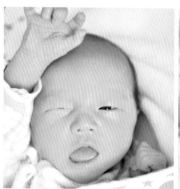

3 举小手。宝宝睡觉时，一有动静会吓得全身紧缩，或者将手举起。这种反应属于惊跳反射，是神经系统还没有发育完善的结果。

4 握拳头。由于新生儿大脑皮质发育尚不成熟，手部肌肉调节功能差，造成了屈手指的屈肌收缩，所以会紧握两个小拳头。

宝宝的大小便

宝宝大便的形状和质地，尿液的不同颜色，都与宝宝的身体状况密切相关。通常可以根据大小便的颜色、气味和性状来判断宝宝的身体健康状态。

新生儿的大便

新生儿大多会在出生后 24 小时内排出墨绿色的黏稠大便。这是胎便，是由胎儿期肠道内的分泌物、胆汁、吞咽的羊水以及胎毛、胎脂、脱落的上皮细胞等在肠道内混合形成的。

留意宝宝胎便的排出

胎便一般出生后三四天才会排干净，总量在 150 克左右。如果新生儿出生后超过 24 小时不排便，应该请医生进行检查。

出生后 6~12 小时开始排胎便： 新生儿出生后 6~12 小时开始排胎便，胎便呈墨绿色或黑色黏稠状，无臭味。此时的胎便是由胎儿的肠黏液的分泌物、脱落的肠黏膜上皮细胞、胆汁、咽下的羊水、胎毛和红细胞中血红蛋白的分解产物胆绿素等物质构成的。

过渡便： 新生儿出生 48 小时后，会排出混着胎便的乳便，这是过渡便。2~4 天后胎便排尽，转为黄色糊状便，每天 3~5 次，大部分是在喂奶时排出。

尽快排出胎便，有利于减轻黄疸症状： 胎便中含有较多的胆红素，如果胎便尽快排出，可减轻肝脏对胆红素的代谢负担，从而达到减轻新生儿黄疸症状、缩短症状持续时间的良好效果。

儿科医生说 宝宝正常的便便是什么样的

- **母乳喂养：** 呈金黄色，多为均匀糊状，偶有细小乳凝块，有酸味，每天 2~5 次。即使每天大便达到 6~8 次，但大便不含太多的水分，呈糊状，也可视为正常。

- **人工喂养：** 粪便呈淡黄色或土黄色，大多成形，含乳凝块较多，为碱性或中性，比较干燥、粗糙，量多，有难闻的粪臭味，每天 1~2 次。

- **混合喂养：** 母乳加奶粉喂养的宝宝粪便与喂奶粉者相似，但较黄、软。添加谷物、蛋、肉、蔬菜等辅食后，粪便性状接近成人，每天 1 次。

宝宝的大小便可以反映宝宝的健康状况

新生儿的大小便一定程度上代表着宝宝的身体健康状况，新手爸妈一定要多注意观察宝宝的大小便。

新生儿的小便

新生儿出生后 24 小时内排尿就是正常的，正常尿量一般为每小时 1~3 毫升。如出生 24 小时一滴尿没有，先确认在产房是否尿过。如果生后 48 小时没有尿，立即请医生评估。

新生儿的第一次排尿时间

在出生时，新生儿的膀胱中已经有了少量的尿液，所以大部分新生儿会在出生后 6 小时内排尿，开始尿量少，以后逐渐增多。

新生儿的排尿频率和时间

一般出生后的前 4 天，一天只排 3~4 次，大约一周以后随着进水量的增多，每天排尿 10~20 次，尿量也会有所增加。人体排出尿量的多少因年龄不同差别很大，新生儿每天排尿量在 200 毫升左右。

医学上把 1 岁以内的小儿每天尿量少于 30 毫升称为无尿，出生不到 24 小时的新生儿，因进奶和水少而无尿为正常现象。如果新生儿超过 48 小时仍无尿则多有异常，应查找原因。

宝宝尿液发白正常吗

正常的尿液是无色或淡黄色透明的。如果宝宝出现尿白，如淘米水样、石灰水样或牛奶样白色混浊的尿液，一定要及时就医查找原因。临床上常见的尿白有以下两种情况：

1 结晶尿。尿色白，像石灰水样，常在尿的最后出现。结晶尿不是疾病，平时只要注意让宝宝多喝水，保持足够的尿量，就不会出现。

2 脓尿。尿色白，像淘米水一样。可能是因为发烧或尿路感染引起的，应带宝宝到医院做进一步检查，确定病因后进行针对性的治疗。

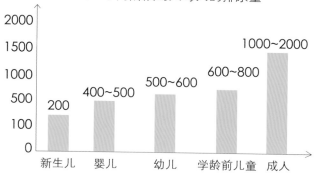

每天排尿量 / 毫升　不同阶段的人每天的排尿量

- 新生儿：200
- 婴儿：400~500
- 幼儿：500~600
- 学龄前儿童：600~800
- 成人：1000~2000

宝宝的尿液也关乎身体健康，平时要多加留意。

疾病与不适

爸爸妈妈都希望自己的宝宝健康成长，一旦宝宝出现某些不适症状，就会让爸爸妈妈昼夜担惊受怕。面对身体不舒服的宝宝，爸爸妈妈要学会正确的护理方法。

黄疸

大多数新生儿都会出现黄疸，分为生理性黄疸、母乳性黄疸和病理性黄疸。生理性黄疸一般会自行消退，病理性黄疸需进行治疗。

黄疸的类型

宝宝出现黄疸是正常现象，新手爸妈不必过于惊慌，先判断清楚是哪种情况的黄疸，再对症治疗。

生理性黄疸：大部分足月儿在出生后2~3天便出现皮肤黄染，即"黄疸"，表现为颈部、面部、躯干、四肢轻度发黄，生理性黄疸会在两三周内消退。

母乳性黄疸：如果确诊为母乳性黄疸，不必带着宝宝去医院治疗，母乳性黄疸不需要吃药。症状较轻时可以继续吃母乳，症状较重时应该暂停母乳，改喂配方奶粉。如果长时间不消退，应去医院就诊，听从医生建议对症治疗。

病理性黄疸：持续时间长，黄疸程度较重，除了面部、躯干、四肢外，手掌和脚掌也会变黄。病理性黄疸时轻时重，黄疸消退后会重新出现。一旦出现以上情况，父母应及时带宝宝就医。

用心照顾宝宝

在黄疸不影响宝宝食欲的情况下，要保证宝宝摄入充足的奶，以促进宝宝多排便，加快新陈代谢，有助于黄疸早日消退。

儿科医生说 黄疸未退打乙肝疫苗时需注意

- 宝宝满月时要接种乙肝疫苗第2针，医生发现有些宝宝皮肤黄疸仍然未退。此时要分析，如果宝宝体重、身高增长正常，精神状态也好，大便为黄色，很可能为母乳性黄疸，可以暂停母乳3~5天。如果黄疸明显减退，就可以证实为母乳性黄疸，此时可以注射乙肝疫苗。

- 如果宝宝精神状态不好，身高、体重增长不理想，黄疸程度较重，建议爸爸妈妈带宝宝到儿科进一步诊治，而不要盲目给宝宝接种疫苗。

脐炎

刚出生的前2周，宝宝的脐部还带有残端。在脐带自然脱落期间，一定要小心呵护，防止感染，如果处理不好，很容易引发新生儿脐炎。

脐炎的原因

宝宝出生时，脐带被结扎后会剩下2厘米左右的脐带残端，一般在出生后7~14天脱落，脱落的时间因不同的结扎方法稍有差别。但在脐带脱落前，脐部易成为细菌繁殖的温床，导致新生儿脐炎。

如何防治宝宝脐炎

预防新生儿脐炎最重要的是做好断脐后的护理，保持新生儿腹部的清洁卫生。擦浴时避开脐部即可（也可贴防水贴），如果不慎沾水应及时进行消毒处理。如果发现宝宝脐部炎症明显，有脓性分泌物，则应立即送宝宝到医院治疗。

如何应对宝宝的脐炎和黄疸症状

1 愈合中的脐带残端经常会渗出清亮或淡黄色黏稠的液体，这是正常现象。用干净棉签蘸75%的酒精轻轻擦干净，一般一天1~2次即可，2~3天后脐窝就会干燥。

2 脐带脱落后切忌往脐部撒消炎药粉，以防引起感染。

3 想要让宝宝黄疸快点消退，尽量让宝宝吃得好、睡得好、大小便排得好，以促进新陈代谢，加速胆红素排出体外。

1 不要将纸尿裤盖住脐部，保持脐部干燥，以免细菌滋生。

2 勤换尿布，防止尿液浸染脐带。如果脐部被尿湿，必须立即消毒。

晒太阳有助于黄疸消退。

新生儿肺炎

新生儿肺炎是新生儿时期严重的呼吸道疾病，预防新生儿肺炎，应尽可能处理干净新生儿口鼻腔分泌物。

新生儿患肺炎的原因

肺炎的病因很多，产前、产时、产后的感染因素都有可能导致新生儿肺炎。

在子宫里缺氧：胎儿生活在充满羊水的子宫里，一旦发生缺氧（如脐带绕颈），就会发生呼吸运动而吸入羊水，引起吸入性肺炎。

分娩不顺利：如果羊水早破、产程延长，或在分娩过程中吸入细菌污染的羊水或产道分泌物，易引起细菌性肺炎；如果羊水被胎便污染，吸入肺内会引起胎便吸入性肺炎。

出生后感染：新生儿接触的人中有带菌者（如感冒患者），很容易受到传染而引起肺炎。宝宝出院回家后，应尽量谢绝客人来访，尤其是呼吸道感染者，要避免进入宝宝房内。

新生儿痰咳

刚出生的宝宝没有清理呼吸道的能力，分泌物积留在咽喉部，出气呼噜呼噜的，好像喉咙中有很多痰，妈妈多以为是宝宝感冒了，但如果宝宝其他方面都正常，只是喉咙中有痰，不要紧的，这是正常的状态。如果分泌物过多，可以帮助清理一下，简便的办法是轻轻拍背。

儿科医生说　怎样帮新生儿排痰

- 宝宝太小不会吐痰，即使痰液已咳出，也只会再吞下。妈妈可以给宝宝拍背帮助他排痰，具体方法如下：

1. 轻轻抱起宝宝，让宝宝横向俯卧在大腿上。

2. 用空心掌和手腕的力，由下向上给宝宝拍背。

3. 拍背时要注意力度和频率。

4. 拍5分钟后，给宝宝喂点水。

吐奶、溢奶、呛奶

新生儿消化系统尚未完善，在吃奶的时候难免会发生吐奶、溢奶、呛奶的情况，新手爸妈要学会正确处理。

吐奶

宝宝吐奶有生理和病理两方面的原因，宝宝的胃容量小，食管肌肉的张力低，食物很容易吐出；也可能是感冒、便秘等引起；喂养姿势不对、喂奶过快、过早添加辅食等也是造成宝宝吐奶严重的原因。当看到宝宝吐奶时，爸爸妈妈要这么做：

抬高宝宝的上身：一旦呕吐物进入气管会导致窒息，因此在让宝宝躺下时，最好将浴巾垫在宝宝身体下面并要抬高上身。如果宝宝躺着时发生吐奶，可以把宝宝的脸侧向一边。

补充口服补液盐Ⅲ：宝宝吐奶后，如果马上给宝宝补充水分，可能会引起再次呕吐。因此，最好在吐后30分钟左右用勺一点点地试着给宝宝喂些口服补液盐Ⅲ。

吐奶后，每次喂奶量要减少到平时的一半：等宝宝精神恢复过来，又想吃奶的时候可以再给宝宝喂些奶。但每次喂奶量要减少到平时的一半左右，不过喂奶次数可以增加。在宝宝持续呕吐期间，只能给宝宝喂奶，而不能喂其他食物。

溢奶

每个宝宝都会出现溢奶，溢奶属于正常生理现象，因此新手爸妈不必太担心。宝宝出现溢奶，是由宝宝胃肠的生理结构和发育程度决定的。

当看见宝宝溢奶时，下面几点可有效防止宝宝溢奶：

1 宝宝吃完奶后，不要马上让他躺下，最好是竖着抱起宝宝，轻拍后背，即可把咽下的空气排出来，也就是听见宝宝打嗝的声音。

2 每次喂完奶后，放宝宝睡觉时应尽量把宝宝的上半身抬高，这样可以减少溢奶情况发生。

3 宝宝吃奶后睡觉采用右侧卧位，但要注意避免宝宝滚动成趴睡姿势，引发窒息。

呛奶

宝宝的咽喉软骨发育尚未成熟，控制力较差，很容易发生呛奶。如果呛奶抢救不及时，很容易造成宝宝窒息。当宝宝发生呛奶时，爸爸妈妈要马上采取侧身位，并轻轻拍打宝宝的背，将吸入的奶汁排出。同时还要注意仔细观察宝宝是否有精神不振、痛苦的表现，如果有，则需要及时就医。

妈妈提问医生答

新生儿软绵绵的，可以直接从妈妈手中递给爸爸吗？手忙脚乱，结果纸尿裤穿反了；给宝宝穿衣服，妈妈满脸是汗……这些尴尬的小事一点都不稀奇，它们就真实地在我们身边发生着。快来听听儿科医生的解答吧，给新手爸妈指条"明路"。

共同成长

对父母来说，有了宝宝的人生也是一段新的开始，在心理和生理上都是一种成长。父母与宝宝的相处需要磨合，共同成长。

一开始抱宝宝，难免手忙脚乱，多抱几次就熟练了。

Q 怎样抱新生儿

A 一只手托住宝宝的大腿根部，另一只手托住宝宝的颈部 妈妈一只手托住宝宝的大腿根部，另一只手托住宝宝的颈部，这样就不用担心宝宝摔下来。交给爸爸抱时，要确定爸爸的两只手也是这样的，再放手。如果开始动作不熟练，可以坐在床上或沙发上递宝宝，这样比较安全。

新生儿身高体重参考

男宝宝的身高为 48.2~52.8 厘米，体重为 2.9~3.8 千克。
女宝宝的身高为 47.7~52.0 厘米，体重为 2.7~3.6 千克。

如何穿纸尿裤

A 有胶带部分朝向腰部方向 打开新的纸尿裤，提起宝宝双脚，将其臀部抬高，把纸尿裤垫在宝宝臀部下，有胶带部分朝向腰部方向（为避免污染脐部，应将宝宝脐部露在外面）撕开两侧胶带，粘于纸尿裤不光滑面。纸尿裤的松紧度以食指能插入宝宝腹股沟处为宜，不可太松也不可太紧。换纸尿裤前，尤其在宝宝大便后，一定要将宝宝屁股清洗干净后再换纸尿裤。

选择纸尿裤还是棉尿布

A 纸尿裤和棉尿布各有优点 关于是用纸尿裤好还是纯棉尿布好的问题，不能一概而论。宝宝用纸尿裤睡得更踏实些，毕竟新生儿大多数时间都在睡觉，让宝宝睡得更好，长得更快，这才是最重要的。有的家庭会选择白天的时候用棉尿布，晚上用纸尿裤，这种方法也很不错，经济又实用。

误以为异常的情况

宝宝吃完奶后奶水会溢出来

宝宝吃完奶后，有时奶水会顺着嘴角流出来。这是因为宝宝的胃呈水平位，而且在吃奶时会吞入空气，很容易造成溢奶，因此妈妈在喂完奶后要给宝宝拍嗝。

给宝宝喂奶后，不要立即让宝宝躺下。应该将宝宝竖抱起来，使其头部靠在父母肩上，轻拍宝宝的背部，帮助宝宝打嗝，可以有效防止吐奶。

宝宝睡觉时有时会被"吓一跳"

睡眠中的宝宝，一有动静便会吓得全身紧缩，或者将手举起。新手爸妈不要担心，这种反应属于惊跳反射，是神经系统还没有发育完善的结果。

白天宝宝睡觉不必刻意保持安静。在宝宝睡觉时，家人要像平时一样自然活动，不必刻意保持极度安静，以利于宝宝适应环境。

Q

宝宝偶尔打喷嚏需要去医院吗

Q

需要找专业的开奶师吗

A **宝宝偶尔打喷嚏是本能反应** 宝宝偶尔打喷嚏是一种对外界温度变化的本能反应，新妈妈不用过分紧张。新生儿鼻腔内血液的运行较旺盛，鼻腔小且短，若有棉絮、绒毛或尘埃等东西刺激鼻黏膜便会引起打喷嚏，这也可以说是宝宝自行清理鼻腔的一种方式，遇到这种情况，新妈妈可以用手指给宝宝轻轻地揉鼻翼。如果屋内的空气过干，最好使用加湿器或是在屋内放置几盆清水，以增加屋内的空气湿度。如果宝宝打喷嚏的症状不见改善，父母就要多注意，很可能是宝宝对某种东西过敏引起的，比如灰尘、化纤类物质等。排除上述因素，宝宝打喷嚏，并伴有鼻塞、发热时，可能是感冒了，需及时就医。

A **宝宝是最好的开奶师** 不少新手妈妈在刚生完宝宝还没有出院的时候，就会收到很多关于开奶、催乳的小广告或者名片，如果确有开奶的需要，最好直接找医院的医护人员或者有资质的催乳师来给自己开奶。因为不当的催乳按摩可能会导致乳腺管堵塞，严重的话还会引起炎症。其实，最好的开奶师就是乖乖躺在你身边的宝宝。新生儿的吸吮可以有效地促进新妈妈分泌催产素和催乳素，刺激乳汁早分泌。想要开奶的新手妈妈最有效的办法就是增加宝宝的吸吮频率和吸吮时间。

Q

上下颠宝宝会对宝宝造成伤害吗

A 颠宝宝的确会对宝宝造成伤害 很多老人一接过宝宝，就喜欢颠，还一边走一边颠，这样真的对宝宝的头部发育很不好。遇到这种情况，找个理由，赶紧把宝宝接过来，事后再跟老人沟通一番，解释一下。当然，不是说不能抱着宝宝动，而是要注意让宝宝整体移动，不要上下颠。

误以为异常的情况

混合喂养的宝宝，吃完奶不打嗝或半天也没有打嗝

宝宝吃奶时，没有吸进空气，就不会打嗝。如果宝宝的嘴巴和妈妈乳房之间没有空隙，咬合得好，空气没有吸进宝宝嘴里，宝宝就不会打嗝。配方奶喂养时，如果没有空气进入，也是一样。所以，宝宝不打嗝或半天打一下嗝，妈妈不需太过担心，只要宝宝没有异常哭闹等反应，都是正常的。

宝宝的眼睛不看挂在床前的玩具

新生儿只能看到距离眼睛15~20厘米的物体。同时，新生儿更习惯看侧面的东西，所以挂在床前的玩具，宝宝没有注意到也是正常的。妈妈如果担心，可以将玩具放在宝宝左侧或右侧距眼部15~20厘米范围内，只要有视线集中，就说明宝宝视力没有问题。若发现宝宝对光线没有反应，应及时带宝宝看医生。

第二章 1~3个月

经过新生儿护理的历练后，新手爸妈对于宝宝的养护要开启新的篇章了。爸爸妈妈不仅要重视宝宝的吃、喝、拉、撒，对孩子的认知能力、学习能力和性格、习惯的养成也要倾注心血，让我们一起开启育儿新天地，去感受宝宝成长路上的更多惊喜吧。

1~3 个月宝宝的五大能力

大运动

- 此时，宝宝的身体机能有了大幅度的提高，四肢也更有力，蹬腿的力度也更强，能够做更多的动作。
- 俯卧时能抬起头片刻。
- 竖抱时，头可立住不晃。
- 躺着会摆动身体。

 **精细运动**

- 宝宝会出现短暂的抓握反射，妈妈塞进手里的东西可以抓握一会儿。
- 会仔细看自己的小手。
- 双手能握在一起放在胸前玩。

语言交流能力

- 此阶段的宝宝还不会说话，但他已经可以用微笑和简短的发音与家人进行沟通。
- 会发"啊啊啊""哦哦哦"的声音。
- 笑声也是宝宝与家人交流的语言。如果家人用玩具、语言逗他，他可以发出"咯咯"的笑声回应。

认知能力

- 宝宝已具有一定的辨别方向的能力，听到声音后，头能顺着响声转动 180°。
- 妈妈到身边，宝宝能够短暂地露出高兴的表情。
- 宝宝对鲜明的颜色表现出一定的兴趣。

社会适应能力

- 此阶段，宝宝学会用"微笑"与人交流。有时宝宝会通过有目的的微笑与家人进行"交谈"，模样非常机灵。
- 能够通过家人的表情感受到情感。
- 喜欢用微笑回应大人的话。

喂养

宝宝每天都在快速发育，所需营养、喂养方式也会有所变化，妈妈们要了解宝宝的生长发育情况，适时补充营养，并在喂养方式上根据实际情况做出调整。

坚持母乳喂养

宝宝 1~3 个月，遇到母乳不足的情况时，新妈妈要谨慎处理，不可轻易添加配方奶或其他代乳品，科学调理会使乳汁充足。

如何度过"暂时性哺乳期危机"

"暂时性哺乳期危机"表现为本来乳汁分泌充足的妈妈在产后第 2 周、第 6 周和 3 个月时自觉奶水突然减少，乳房无奶胀感，喂奶后半小时左右宝宝就哭着找奶吃，宝宝体重增加明显不足。导致这种现象的原因是宝宝生长发育迅速，妈妈过于劳累、紧张，每天喂奶次数较少，每次吸吮时间不够。为了顺利度过这一时期，妈妈可以从以下几方面着手：

妈妈要保持轻松、愉悦的情绪：保证充足的休息和睡眠，保持轻松平和的心态，这样有利于乳汁的分泌。

每天适当增加哺乳次数：如果有条件全天陪伴宝宝，只要宝宝醒来后，就让宝宝吸吮母乳，吸吮的次数多了、时间长了，母乳分泌量自然会增多。每次每侧乳房至少吸吮 10 分钟以上，两侧乳房均应吸吮并排空，这样有利于泌乳，又可让宝宝吸到含较高脂肪的后奶。

宝宝或妈妈生病暂时不能哺乳：此时，可将奶吸出，用杯或汤匙喂宝宝。如果妈妈生病，医生建议不能喂奶时，应按给宝宝哺乳的频率吸奶，这样可保证病愈后继续哺乳。

儿科医生说 补充维生素 D

- 若婴幼儿体内维生素 D 缺乏，会导致维生素 D 缺乏性佝偻病。

- 纯母乳喂养的婴儿易缺乏维生素 D，尤其是在户外活动时间较少时。

- 预防佝偻病，除了适度晒太阳（6 个月内的婴儿应避免阳光直射），最好从出生后 2 周至 2 岁半常规补充维生素 D 制剂。

没必要添加其他代乳品

1~3 个月宝宝的最好的食物还是母乳，如果母乳充足，则不需要添加配方奶和其他代乳品。

哺乳妈妈的常见困惑

母乳喂养的妈妈不知道宝宝每次到底吃了多少，因为自身的乳汁关系到宝宝的健康，所以又有许多顾虑。这里为妈妈总结了几点，一起看一下吧！

乳汁少应该放弃哺乳吗？

有些妈妈没有足够的耐心，一旦乳汁少不够宝宝吃，就轻易放弃母乳而选择配方奶，这是不对的。一方面妈妈要加强饮食调理，另一方面应多让宝宝吸吮，因为宝宝的吸吮动作会刺激泌乳，千万不要轻易放弃哺乳。

哺乳期间如何用药？

药物可通过血液循环进入乳汁中，影响宝宝的健康。服用药物时要仔细看说明书上是否标明哺乳期禁用。若必须服用某种药物，且该药物可能对宝宝产生影响时，妈妈可暂停哺乳，并在停药数天后恢复哺乳。

母乳不足怎么办？

宝宝吸吮越多，妈妈的奶水分泌得越多。妈妈奶水不足时，可在一天之内坚持喂宝宝 12 次以上。如果有条件，安排几天时间，一有机会就喂奶，这样奶水量会明显增多。喂完一边乳房，如果宝宝哭闹不停，不要急着喂奶粉，而是换另一边继续喂。一次喂奶可以让宝宝交替吸吮左右侧乳房数次。

安全有效的催乳按摩

除了让宝宝勤吸吮、多吸吮之外，妈妈还可以用专业的按摩方法来催乳，能起到事半功倍的效果。按照下面几个步骤来进行，有助于让妈妈成功催乳。

1 先热敷乳房，可以用热水袋或热毛巾，热敷双侧乳房各 15 分钟。

2 用手掌根部轻轻按摩乳房，每个部位都要按摩到，有硬结的地方要重点按摩。

3 用拇指、食指在乳晕边缘轻轻挤压，挤压时手要随时换方向，保证每个方向都要挤到。

混合喂养宜夜间喂母乳

宝宝在夜间对母乳的需求，在其一天所需营养中占有相当大的比重，夜间喂奶是每个新妈妈必然要经历的事情。

夜间喂母乳，奶水更充足

夜间妈妈休息，乳汁分泌量相对增多，宝宝的需求量又相对减少，母乳基本会满足宝宝的需要。另外，夜间喂母乳还有以下几点好处。

会使母体产生更多的乳汁：宝宝对乳头的吸吮和刺激，会使新妈妈分泌更多的乳汁。

提高激素水平：夜间哺乳可以使母体内有镇静作用的激素水平提高，从而有助于睡眠。所以，对很多刚分娩不久的新妈妈来说，夜间喂养宝宝是件辛苦而又非常必要的事情。

促进母婴感情：如妈妈因工作原因，不能白天哺乳，加之乳汁分泌亦不足，选夜间哺喂，能使宝宝得到母乳的滋养，促进母婴间的亲密感情。

夜间哺乳好处多多，新妈妈坚持一下，辛苦是值得的。

不要放弃母乳喂养

即使母乳真的不足，进行混合喂养时，妈妈也不要轻易放弃母乳喂养。母乳不仅能够强健宝宝的身体，还能滋养宝宝的心灵。

儿科医生说 混合喂养的宝宝喂养技巧

- 混合喂养的宝宝需要注意少食多餐的原则，喂食配方奶后可以过一会儿再喂母乳，给宝宝肠胃消化的时间。

- 避免过度喂养，以防增加肠道负担，从而导致消化不良甚至出现腹泻的情况。

- 哺乳妈妈还需要注意饮食清淡卫生，避免进食油腻不易消化的食物。

- 平时可以多给宝宝按摩肚子，促进肠道的消化吸收，多鼓励宝宝运动，可以促进肠道的蠕动。

人工喂养的宝宝一样茁壮

在人工喂养的过程中，要尊重宝宝的个体差异，每位妈妈要细心观察自己的宝宝，只要掌握适合自己宝宝的最佳奶量，宝宝一样可以茁壮成长。

不要强迫宝宝全部吃完

宝宝每次的进食量会有所波动，偶尔剩下一些奶也不要紧，不要强迫宝宝全部吃完，也不要让宝宝含着奶嘴玩耍。一般情况下，每次喂奶在 15~20 分钟，看到宝宝吸吮速度明显放慢，就可以停下了。

不要用玩具逗弄吃奶中的宝宝

妈妈在用奶瓶喂宝宝的时候，除了要观察宝宝吃奶的情况，还应该轻声地和宝宝进行交流，"宝宝饿了吗？我们来吃奶吧""宝宝吃得真好"等。但是不要用玩具逗弄宝宝，这样会分散宝宝吃奶的注意力，不利于宝宝日后养成专心吃饭的好习惯。

喂配方奶的注意事项

忌高温：宝宝的体温在 37℃左右，这也是配方奶中各种营养成分存在的适宜温度，宝宝的肠胃也好接受。

忌过浓过稀：配方奶浓度高可能会让宝宝发生腹泻、肠炎；浓度低则可能会造成宝宝营养不良。

忌污染变质：配方奶非常容易滋生细菌，冲调好的配方奶不能高温煮沸消毒。所以，配制过程中一定要注意卫生。奶粉如果开罐后放置时间过长，也很有可能会被污染。

4 步教你正确清洗奶瓶

1 给宝宝喂完奶后将奶瓶、奶瓶盖和奶嘴放在温水中浸泡一会儿，注意多放一些水，使浸泡更充分。

2 用奶瓶专用刷仔细刷洗奶瓶内部，多刷几次，将奶渍彻底刷干净。

3 用流动的水冲洗奶瓶，注意多冲洗奶瓶内部；奶嘴和奶瓶盖也要冲洗干净。

4 将洗干净的奶瓶、奶瓶盖和奶嘴放入消毒锅中消毒。

食欲好的宝宝也不能吃太多

要注意喂奶量

　　1~3个月的宝宝食欲是比较好的，喂奶量可以从原来的每次120~150毫升，增加到每次150~180毫升，甚至可达200毫升以上。但对于食欲好的宝宝，不能没有限制地增加奶量。

宝宝需要几个奶瓶

　　如果妈妈时间充裕，买250毫升的玻璃奶瓶和塑料奶瓶各2个，再买1个120毫升塑料喂水瓶即可。每次喂奶后要马上清洗奶瓶，但如果按照喂养方式和用途，多给宝宝准备几个奶瓶也是很有必要的。

错误的6种喂奶方法

1 配方奶越浓越好：配方奶应严格按说明书进行配制，过浓会加重宝宝消化的负担，损害宝宝的健康。

2 加糖越多越好：吃过多的糖，不仅不利于宝宝的口腔卫生和牙齿萌出，还会导致肥胖。

3 乳饮料代替配方奶：乳饮料可能对宝宝的健康造成不良影响，因此不能代替配方奶。

4 配方奶服药一举两得：如果宝宝一定要服用药物，能单独服用最好，以免影响药效，破坏配方奶中的营养。

5 用牛奶喂养宝宝：牛奶中的蛋白质分子较大，不利于宝宝消化吸收。

6 在配方奶中添加米汤、稀饭：米汤和稀饭主要以淀粉为主，其中的成分可能会破坏配方奶中的维生素A。

儿科医生说
喂养得当不过度

按需喂养：根据相应月龄宝宝的吃奶量合理按需喂养，少量多次。

养成规律的吃奶时间：根据宝宝平时的习惯，掌握规律，形成习惯。

消化好不生病：宝宝吃得合理，消化得好，身体自然会强壮。

吃得饱睡得好：宝宝吃饱而不是吃撑，才能舒服地睡觉，有利于身体成长。

切记不要过度喂养：过度喂养不仅会导致脂肪超标，影响其他营养素的吸收，还会影响大脑发育。

宝宝食欲不振怎么办

宝宝拒绝吃奶

　　宝宝不像以前那么爱吃奶，有时甚至看见奶头就躲，这种情况多数是因为身体不适引起的。宝宝用嘴呼吸，吃奶时吸两口就停，这种情况可能是由宝宝鼻塞引起的，应该为宝宝清除鼻内异物并认真观察宝宝的情况；宝宝吃奶时，突然啼哭，害怕吸吮，可能是宝宝的口腔受到感染，吮奶时因触碰而引起了疼痛；宝宝精神不振，出现不同程度的厌吮，可能是因为宝宝患了某种疾病，通常是消化道疾病，应尽快送医院诊治。

育儿误区 喂奶时间不规律

- 这种情况多发生于不同的人换来换去照顾宝宝，不了解宝宝的习惯。
- 尤其是老人照顾宝宝时，喂奶不看时间，什么时候想起来就喂宝宝吃奶，这样容易导致消化不良。

宝宝消化不良怎么办

1　如果宝宝出现消化不良的症状，母乳喂养的妈妈应先自检是否是自己的饮食影响了宝宝，是否吃了过冷、辛辣、油腻的食物。

2　人工喂养的妈妈应想一想，自己为宝宝冲泡奶粉时，是否是按照说明书中标识的标准来冲泡的，或者是否为了不浪费，全喂给了宝宝。如果是因为上述情况引起的，妈妈要立即纠正。

培养规律吃奶的习惯

- 规律的作息和哺乳时间，对妈妈和宝宝都有好处。
- 起床和睡觉的时间固定后，养成规律的吃奶时间就是自然而然的一件事了。

宝宝食欲不振时，不要强迫宝宝吃奶，应明确原因采取适当方法。

护理

此时的宝宝更加可爱了，肉乎乎的，让人爱不释手。爸爸妈妈对宝宝的照顾也要更加细心了。

宝宝护肤不能松懈

宝宝皮肤薄嫩，水分容易丢失，如果护理不好，就会有皮肤干燥的困扰。因此，对宝宝皮肤的护理应做到清洁、保湿和防护。

如何给宝宝洗脸和洗澡

可爱的宝宝一定是干净清爽的，这离不开爸妈日常给宝宝"梳洗打扮"，一起来看看给宝宝洗脸洗澡时需要注意什么。

洗脸：清水是最好的清洁剂。建议每天洗1~2次脸就够了，水温不要过高，洗脸后及时为宝宝涂上护肤霜。

洗澡：宝宝冬季每周洗1~2次澡，夏季每天洗1~2次澡。洗完后要将沐浴露清洗干净，特别注意擦干皮肤后，一定要给宝宝全身用婴儿护肤霜进行皮肤护理。

不便洗澡的日子里：要每天给宝宝全身用婴儿专用护肤霜进行涂抹，使宝宝皮肤处于保湿状态（尤其对于患有湿疹的宝宝特别重要）。带宝宝外出前也要给他面部涂上婴儿专用护肤霜和婴儿专用防晒霜。

宝宝满月需要剃头吗

从医学角度讲，剃胎毛对满月的婴儿来说并不合适。另外，理发工具往往消毒不到位，如果操作不慎，极易损伤头皮，引发感染。因此"满月头"还是不剃的好。

儿科医生说 囟门的护理

■ 囟门的清洗可在洗澡时进行，可用宝宝专用洗发液，但不能用香皂，以免刺激头皮诱发湿疹或加重湿疹。清洗时手指应平置在囟门处轻轻地揉洗，不应强力按压或强力抓挠。如果囟门处有污垢不易洗掉，可以先用芝麻油按摩15分钟，等到这些污垢变软后再用无菌棉球顺着头发的生长方向擦掉，然后用婴儿洗发水洗净。

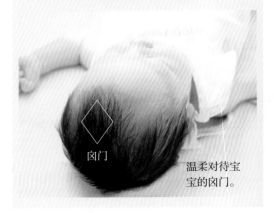

囟门

温柔对待宝宝的囟门。

给宝宝洗澡的具体步骤

对于新手爸妈来说，给宝宝洗澡真是个大工程。在宝宝还不会坐、颈部不能支撑脑袋的时候，洗澡尤其困难。别着急，只要掌握给宝宝洗澡的要领，就一定能将宝宝洗干净。

1 给宝宝脱去衣服，用浴巾把宝宝包裹起来。

2 宝宝仰卧，妈妈用左肘部托住宝宝的屁股，右手托住宝宝的头。食指和中指分别按住宝宝的两只耳朵并贴到脸上，以防进水。

3 清洗脸部。用小毛巾蘸水，轻拭宝宝的脸颊，由内而外清洗，再由眉心向两侧轻擦前额。

4 清洗头部。先用水将宝宝的头发弄湿，然后倒少量的婴儿洗发液在手心，搓出泡沫后，轻柔地在头上揉洗。

5 洗净头后，再分别洗颈下、腋下、前胸、后背、双臂和手。由于这些部位十分娇嫩，清洗时注意动作要轻。

6 将宝宝抱起来，头贴在妈妈左胸前，左手托住宝宝的上半身，右手用浸水的毛巾先洗生殖器、腹股沟，最后洗腿和脚。

及时清理宝宝的口水

- 平时可以给宝宝戴一个围嘴，来接住宝宝流出来的口水，以免口水弄湿衣服接触皮肤。宝宝睡觉时一定要记得把围嘴解下来，否则如果宝宝小手乱动，或是翻身压住了围嘴，就有可能不小心勒住了自己，引发意外。

宝宝为什么总流口水

刚出生的宝宝，由于中枢神经系统和唾液腺的功能尚未发育成熟，因此唾液分泌很少。宝宝 3 个月时唾液分泌量渐增，会流口水，这是正常的生理现象。由于唾液偏酸性，里面含有消化酶和其他物质，因口腔内有黏膜保护，不致侵犯到深层。但当口水外流到皮肤时，则易腐蚀皮肤最外面的角质层，导致皮肤发炎，引发湿疹等小儿皮肤病。所以宝宝流口水时妈妈要注意护理，随时为宝宝轻擦去口水。

选纯棉材质的围嘴和手帕

- 选双层的围嘴，外面是纯棉材质，里面是防水材质。
- 擦口水的手帕选纯棉材质，并及时清洗与更换。

出现以下 6 种情况需要就医

1 宝宝口水流得特别严重，就要去医院检查。

2 如果宝宝是新生儿，但口中的唾液量明显比其他新生儿多。

3 宝宝全身柔软，喝水或吃奶时吸吮力较差，运动发育比其他宝宝慢。

4 3 月龄以内的宝宝体温超过 38.5℃，精神状态差需就医。

5 当宝宝患有牙龈炎、扁桃体炎时，由于疼痛不敢吞咽，导致流口水。

6 患染色体病也会流口水，但同时伴有特殊面容，动作发育相对落后。

儿科医生说
流口水如何护理

随时擦拭： 擦拭时不可用力，轻轻将口水拭干即可，以免损伤局部皮肤。

涂润肤霜： 用温水洗净口水流到处，然后涂上润肤霜，保护宝宝下巴和颈部的皮肤。

围上围嘴： 防止流到脖子处，同时防止弄湿衣服接触胸前皮肤，引起湿疹。

勤洗勤换： 宝宝口水常接触的围嘴、手帕、枕巾需勤洗勤换，保持干净。

不要轻视常流口水： 如果宝宝口水流得严重或持续时间过长，家长要及时带宝宝就医，以排除疾病因素。

给宝宝剪指甲

如何给宝宝剪指甲

　　宝宝指甲长得特别快，如果不及时剪短，很容易藏污纳垢，影响宝宝健康，还容易挠到自己的脸。宝宝的手指那么小，怎么给他剪呢？其实，妈妈可使用宝宝专用的指甲刀，在宝宝睡着或安静时，小心翼翼地给宝宝剪指甲就可以了。一起来学习怎样为宝宝剪指甲吧！

1 让宝宝平躺在床上，妈妈握住宝宝的小手，最好能同方向、同角度。

2 分开宝宝的五指，重点捏住一个指头剪。

3 先剪中间，再剪两头，避免把边角剪得过圆、过深，剪成一条直线，留 1~2 毫米。

4 用自己的手指沿宝宝的小指甲摸一圈，发现尖角处要及时剪除。

育儿误区 给宝宝戴手套

- 宝宝小手乱抓等不协调活动是心理、行为能力发展的初级阶段，如果给宝宝戴上了手套，可能会妨碍认知能力和手的动作协调能力发展。

- 爸爸妈妈应每天清洗宝宝的小手，替宝宝勤剪指甲，鼓励宝宝尽情玩耍双手。宝宝在玩耍过程中感觉到手抓脸不舒服，才会懂得"还是不抓好""这是我的脸"。于是，改为用手背蹭脸，渐渐学会拿玩具玩。

睡眠

睡眠对每个人来说都非常重要，尤其是宝宝，因此，作为新手爸妈，需要多多留意宝宝的睡眠情况，让宝宝睡得好。

宝宝睡眠好，家人也省心

宝宝的睡眠就像给大脑及身体"充电"一样，可以让大脑和身体在睡眠中获得充分的休息。因此，爸爸妈妈要注意保障宝宝的睡眠，让宝宝健康成长。宝宝睡着了，自己也能多点时间休息。

帮助宝宝调整睡姿

宝宝的睡眠质量与睡姿有很大的关系，但刚出生不久的宝宝还不能自己控制和调整睡姿，为了保证宝宝拥有良好的睡眠，父母可以帮助宝宝选择一个好的睡姿。

仰卧睡姿：这是宝宝常用的一种安全姿势，呼吸通畅，肌肉放松，内脏不受压。

俯卧睡姿：俯卧可以促进宝宝运动发展，便于长成好看的头形。但应在成年人看护下俯睡，否则，有窒息的危险。

侧卧睡姿：侧卧能使宝宝肌肉放松，提高睡眠质量，延长睡眠时间。右侧卧能避免心脏受压迫，还能改变咽喉软组织的位置，使呼吸顺畅。

宝宝正确的睡眠姿势

正确的睡眠姿势，应提倡侧卧和仰卧睡姿相结合，也可短时间让宝宝俯卧睡一会儿，但家长要在旁看护。经常帮助宝宝变换睡眠姿势，可避免头颅变形，提高宝宝颈部的力量。

儿科医生说 不同睡姿弊端

一般来讲，宝宝三种睡姿各有利弊。

■ 长期保持仰卧睡姿的缺点是头颅容易变形，后脑勺扁扁的，同时宝宝吐奶时容易呛到气管内；俯卧睡姿的缺点是因为宝宝还不能自己转头，容易堵住口鼻，影响呼吸功能，引起窒息；侧卧睡姿也不能总偏向一侧。因此，要帮助宝宝经常变换睡姿（建议 3~4 小时更换一下睡姿）。

宝宝夜啼别发愁

宝宝晚上睡觉时，常常会突然出现间歇性的哭闹或抽泣，有时尽管妈妈极力安抚也无济于事。睡眠对于宝宝大脑的发育和身体的生长发育具有重要意义，经常夜啼会影响宝宝的睡眠质量，爸爸妈妈要学会应对。

夜啼原因

环境因素：睡眠环境太嘈杂、太闷热；床铺不合适，有东西硌或扎到宝宝；穿的衣服、盖的被子过厚或过薄均可引起夜啼。

自身原因：宝宝排便会哭闹；饿了、肚子胀、太热了、太冷了会哭；肠道梗阻、肠套叠引起的肠绞痛会引起夜间有规律的哭闹；其他疾病也会引起哭闹，如佝偻病、发热、鼻塞、咳嗽、蛲虫等。

照顾不当：睡眠时间安排不当，有些宝宝白天睡得多，夜里精神足，昼夜颠倒引起夜啼；睡前逗笑，使其情绪突然亢奋，无法入睡，进而哭闹。

受到惊吓：宝宝受到惊吓后，晚上常会从睡梦中惊醒并啼哭，并伴有恐惧的表现。

宝宝撒娇：有些宝宝哭闹是需要妈妈的爱抚，用哭来吸引爸爸妈妈的注意力，向爸爸妈妈撒娇。

应对宝宝夜啼的方法

1 保持室内环境清洁卫生，保证宝宝床铺整洁舒适无异物，被子保暖、舒适。

2 帮助宝宝建立良好的睡眠习惯，避免睡前过度逗引或惊吓宝宝。如果宝宝是因为受到惊吓而半夜啼哭，父母要想方设法安慰宝宝，告诉宝宝没什么可害怕的，并暂时不要让宝宝直接接触使他害怕的物体或人，慢慢地，宝宝就会睡安稳觉了。

3 合理喂养，增强宝宝体质，补充维生素 D避免缺钙和佝偻病的发生。

4 对于撒娇的宝宝要给予足够的爱抚，并尽量延长白天和宝宝共处的时间。

想让宝宝睡得好，就要提供良好的睡眠环境。

让宝宝睡得安稳舒适

育儿误区 宝宝睡觉时一哭就抱

- 有些宝宝在睡梦中会哭起来，这种情况不要抱。
- 妈妈可以靠近宝宝，用手轻轻抚摸宝宝的头部，安抚宝宝。
- 将宝宝的单侧或双侧手臂按在胸前，并轻拍宝宝，使宝宝产生安全感，就会很快入睡。

宝宝睡觉不宜穿太多衣服

　　宝宝睡觉时可穿薄一些的贴身内衣，如果室内温度较高，可以穿夏季的薄睡衣，只要包好纸尿裤就好。若担心宝宝夜晚睡觉蹬被，可以为宝宝准备一个睡袋。睡袋保暖性好，既可以给宝宝提供一个舒适的睡眠环境，又不会被宝宝蹬开。

"捂热综合征"

- 宝宝代谢较快，易出汗，睡觉时被内温度高、湿度大，容易诱发"捂热综合征"，影响宝宝的睡眠质量，甚至发生虚脱。

怎样给宝宝选睡袋

1 根据宝宝月龄选择：1~6 个月的宝宝选择不分腿的睡袋。

2 根据季节选择：夏天在空调房，选择纱布睡袋，保温性和透气性较好，一般夏季选购两层纱布的睡袋就够了；春秋季节选择薄棉睡袋或者是四层以上的纱布睡袋；冬天可以选择厚一些的棉质睡袋。

3 根据材质选择：选用棉质睡袋较好，还要轻薄保暖。这样透气性比较好，也不会对宝宝的皮肤有任何刺激和引起过敏现象。

4 根据做工和设计选择：选购时要注意一些细小部位的设计，比如拉链和扣子及装饰物是否牢固、睡袋内层是否有线头等。选择睡袋时一定不能要领口过大的睡袋，避免孩子小脑袋转至睡袋内部导致窒息。

儿科医生说
影响宝宝睡眠的因素

卧室布置：宝宝的卧室要以温馨明亮的色彩为主，粉色和黄色比较适合。

温度：合适的睡眠环境温度很重要，理想的环境温度是20~25℃。

湿度：保证睡眠环境的湿度适宜也很重要,利于睡眠与健康。

光亮度：在光线比较暗的环境当中容易入睡。

噪音：噪音对婴儿的睡眠影响较大，因此有婴儿的家庭要远离噪音环境。

尊重宝宝的睡眠规律

　　3 个月大的宝宝可以不间断地持续睡眠 4~6 个小时，这一时期宝宝生活有了规律，需要帮助宝宝找到其睡眠规律。睡眠间隔时间以 2~3 个小时为宜，如果宝宝醒来 2 个小时左右，就应该尽量哄其入睡。这一时期，要注意宝宝房间的采光及噪音问题，白天光照强烈时，要拉上窗帘哄宝宝入睡。

不要轻视午后的小睡

1 午睡有助于改善宝宝睡眠质量，增强免疫力。宝宝的大脑发育尚未成熟，午睡将使宝宝得到最大限度的放松，使脑部的缺血、缺氧状态得到改善，让宝宝睡醒后精神振奋，反应灵敏。

从小就要帮宝宝养成午睡的好习惯。

2 在睡眠过程中还会分泌生长激素，因此，爱睡的宝宝长得快。

育儿误区 让宝宝睡在大人中间

- 许多年轻父母在睡觉时总喜欢把宝宝放在中间，这样做对宝宝的健康是不利的。

- 在人体中，脑组织的耗氧量非常大。一般情况下，宝宝越小，脑耗氧量占全身耗氧量的比例也越大。

- 宝宝睡在大人中间，就会使宝宝处于氧浓度较低而二氧化碳浓度较高的环境里，使宝宝出现睡觉不稳、做噩梦及半夜哭闹等现象，直接妨碍宝宝的正常生长发育。

一放下就醒怎么办？

- 开始时，妈妈就不要抱着宝宝睡觉。

- 大胆地把宝宝放下，妈妈可以躺在一边轻拍宝宝。

- 当宝宝睡着后，在他身边放两个枕头，紧挨着他可以给他带来安全感。

疾病与不适

宝宝在成长的过程中难免会有各种不适，新手爸妈要学会护理，面对宝宝的不适症状时能够从容应对，帮助宝宝早日恢复。

尿布疹

宝宝的皮肤发育得不完善，抵抗力也弱，很容易受尿液刺激，引起"红屁股"，医学上称为尿布疹。

发病原因：宝宝皮肤非常娇嫩，出生后又离不开纸尿裤、尿布，如果更换不勤或洗涤不干净，长时间接触、刺激宝宝皮肤引起了炎症，继发细菌或念珠菌感染后加重，就形成了尿布疹。

尿布疹症状：尿布疹俗称"红臀"，是发生在臀部皮肤的炎性病变，多发生在与尿布接触的部位，表现为皮肤发红，继而出现红斑、水肿、丘疹，表面光滑、发亮，边界清楚，甚至继发细菌或念珠菌感染等。

预防措施：勤换尿布或纸尿裤。适当减少用尿布和纸尿裤的时间，让宝宝的小屁屁多透气通风。每次大小便后及时清洁皮肤，并用清水冲洗干净。可以经常给宝宝涂些护臀霜保持臀部干爽。

儿科医生说 怎样选择爽身粉

爽身粉要选择正规厂家生产的，质量有保证，还需要仔细看爽身粉的主要成分。

滑石粉：滑石粉对人体健康不利，这种爽身粉不宜选择。

松花粉：由天然松树的花粉精制而成，具有祛湿、止痒功效，可以选择。

玉米粉：具有一定的吸湿性，相对比较大众，适合宝宝使用。

保持宝宝屁屁干爽

预防尿布疹的最好办法就是保持屁股干爽，常给宝宝清洗私处和大腿根部。尿布更是要清洗干净，暴晒杀菌。晚上先给宝宝洗干净屁股，涂上护臀霜后再穿纸尿裤。

湿疹

湿疹又名奶癣，是一种常见的新生儿和婴儿过敏性皮肤病，在宝宝的脸、眉毛之间和耳后与颈下对称地分布着小斑点状红疹。通常会有刺痒感，常使宝宝哭闹不安，不好好吃奶和睡觉，影响健康。

引起湿疹的原因与遗传因素和过敏有关，哺乳期妈妈食用辛辣等刺激性食物及海鲜产品也可能会使患儿湿疹加重。

湿疹的预防措施

1. 如果宝宝对婴儿配方奶粉过敏继而引发湿疹，可改用其他代乳食品。

2. 哺乳妈妈要少吃或暂不吃鲫鱼、鲜虾、螃蟹等诱发性食物；不吃刺激性食物，如蒜、葱、辣椒等，以免加剧宝宝的湿疹。

3. 湿疹主要原因为皮肤干燥，所以要给宝宝皮肤保湿，全身涂抹保湿霜，避免皮肤干燥；室内开加湿器，保持室内的湿度在适当范围。

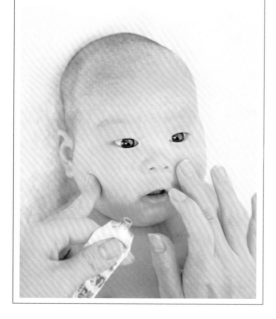

痱子

痱子是宝宝夏季常见的皮肤病。夏天气温高，室内通风差，穿衣服过紧，皮肤不清洁等原因造成汗液分泌多，若汗液蒸发不畅，导致汗孔堵塞，淤积在表皮汗管内的汗液使汗管内压力增加，造成汗管扩张破裂，汗液外溢渗入周围组织，在皮肤下出现许多针头大小的小水疱，就形成了痱子。

怎样预防宝宝生痱子

- 注意皮肤的清洁卫生，及时擦干宝宝的汗水，及时换下宝宝身上沾有汗渍的衣服。

- 不要穿得过多，避免大量出汗，选透气性和吸湿性好的棉麻材质衣物。

- 不要一直抱着宝宝，以免宝宝长时间在大人怀中导致皮肤散热不畅，捂出痱子。

- 睡觉时宜穿轻薄透气的睡衣，睡在透气的床垫上。

- 气温过高时，可适当使用空调降低室内温度，同时注意通风。

生痱子的护理方法

- 每天洗澡，水温 30℃ 左右，稍微用点力擦洗，把堵住汗腺的角质层轻轻搓掉，使汗液容易排出，但要掌握好力度，避免擦红皮肤。

- 开空调，温度 22~26℃，以不出汗为宜。

- 生痱子后不建议使用痱子粉，因为痱子粉遇汗结块会堵住汗腺，反而加重痱子。

腹泻

宝宝消化功能尚未发育完善，由于在子宫内是由母体供给营养，出生后需独立摄取、消化、吸收营养，宝宝消化道的负担加重，在一些外因的影响下很容易引起腹泻。

找出宝宝腹泻原因：宝宝大便次数较多，特别是吃母乳的宝宝大便更多更稀一些，不一定不正常，有很多因素会造成宝宝腹泻，应该先找找原因，然后对症采取措施治疗腹泻。

生理性腹泻：这种情况可不必治疗，会随宝宝年龄的增长逐渐好转。如果腹泻次数较多，大便性质改变，或宝宝两眼凹陷、有脱水现象时，应立即送医院诊治。听从医生安排，合理掌握母乳哺喂。

病菌感染引起腹泻：建议就医，确认腹泻为细菌性、病毒性或霉菌性中哪种原因引起。针对原因选择治疗方式。

牛奶过敏：宝宝对牛奶过敏或乳糖不耐受，也会发生腹泻。这种情况造成的腹泻，必须立即去医院诊治。

儿科医生说 宝宝腹泻时如何护理

腹泻的宝宝需要妈妈的细心呵护，宝宝腹泻时的护理注意事项有如下几点：

接触生病宝宝后，应及时洗手；宝宝用过的碗、奶瓶、水杯等要消毒。

要注意观察记录宝宝精神状态，及时补液。

勤换尿布，每次大便后用温水擦洗臀部，护理好小屁屁。

判断不出是什么原因造成腹泻要去医院

如果妈妈判断不出来宝宝是生理性腹泻还是病理性腹泻，最好是先去医院就诊，由医生判断，以免耽误病情，影响宝宝的健康。

"攒肚儿"

　　"攒肚儿"是指原本一直大便很稀、便次很多的宝宝，慢慢变成每天大便一两次，继而两三天才拉一次大便，甚至七八天都不大便。同时小肚肚鼓鼓的，总放屁，这种情况可能是"攒肚儿"。

攒肚儿的原因：出生两三个月后，有些母乳喂养的宝宝都会攒肚儿。宝宝满月后，对母乳的消化、吸收能力逐渐提高，每天产生的食物残渣很少，不足以刺激直肠形成排便，最终导致了这种现象。只要宝宝肚子不胀，每次大便都不硬，排便也不困难，一般就是正常的，妈妈不必过于担心。

攒肚儿和便秘的区别：宝宝攒肚儿和便秘的区别很大，随着年龄的增长，宝宝的排便频率会减少，隔几天才拉大便，这称为攒肚儿；但如果宝宝便秘，就会出现排便困难，还有一些腹部疼痛的现象，所以要及时观察宝宝的大便情况。攒肚儿是不需要治疗的，而出现严重的便秘时是需要及时注意护理加治疗的。

宝宝没有胀气才是攒肚儿：如果宝宝发生肠胀气，也可能会导致"假攒肚儿"，肠胀气的宝宝会经常哭闹，而且肚子明显鼓起来。有时宝宝刚吃完奶就会哭闹，这是因为宝宝在吃奶的同时也吸进了一些空气，引起胀气，最好的解决方式就是拍嗝。

给宝宝拍嗝的注意事项

- 拍嗝需要掌握正确的时间。妈妈应尽量利用喂奶过程中的自然停顿时间来给宝宝拍嗝。
- 喂完奶不要马上将宝宝竖抱起来，可倒数 20 秒，然后再把宝宝抱起来拍嗝，这样拍嗝更有效。

缓解攒肚儿的小方法：妈妈也可以在家里给宝宝进行腹部按摩。为避免干扰宝宝胃肠消化，在宝宝喝完奶一两个小时后进行按摩较为适合，可以帮助胃肠道的消化，按摩次数不需要太多，一天一次就足够了。

1. 用手指轻轻按摩宝宝的腹部，以肚脐为中心，由左向右旋转摩擦，按摩 10 次休息 5 分钟，再按摩 10 次，反复进行 3 次。

2. 宝宝仰卧，抓住宝宝双腿做屈伸运动，即伸一下屈一下，共 10 次，然后单腿屈伸 10 次。

流鼻涕、鼻塞

流鼻涕的症状要仔细观察：如果宝宝出现流鼻涕或鼻塞的症状，要仔细辨别情形。如果宝宝没有食欲，连续几天流黄色的鼻涕，或清水鼻涕，并出现发热、咳嗽、含痰、看起来难受、心情差等情况，就应带宝宝去医院接受治疗；如果宝宝有食欲，精神状态很好，除了流鼻涕、鼻塞之外，没有其他特别的症状，喝的母乳和配方奶像平常一样多，就不必着急带宝宝去医院。

帮助宝宝清理鼻腔

- 可用生理盐水喷雾清洁鼻腔。

- 等鼻腔湿润后，用棉签清理出鼻痂。

宝宝流鼻涕的几种原因

1 遇到早晚气温变化大、室内空气干燥、睡觉前大哭等情况，宝宝比较容易流鼻涕。

2 细菌或病毒感染，引起宝宝鼻黏膜发炎。这种情况下，宝宝的鼻涕颜色发白或者发黄，有时还会发绿。

3 如果宝宝体质弱，还容易对灰尘、真菌等过敏，会流出像清水一样的鼻涕。

4 感冒是导致宝宝流鼻涕最常见的原因。如果宝宝感冒初期流出的是清水一样的鼻涕，3~5天后渐为浓涕，以后逐渐痊愈，期间会流个不停，加上宝宝精神状态正常，没有或者稍微有一些发热，考虑是普通感冒引起的流鼻涕。

儿科医生说
流鼻涕的宝宝如何护理

轻柔擦拭：用柔软的手绢将鼻涕轻轻擦干净，不要过于用力。尽量不要用粗糙的卫生纸给婴幼儿擦鼻涕。

热敷：可用湿热的毛巾给宝宝热敷鼻子，可以减少鼻涕产生，同时可使鼻腔通畅，热敷时注意温度，避免发生烫伤。

室内放置加湿器：通过使用加湿器让房间内的空气湿度增加，可以稀释鼻腔分泌物，有利于排出。

合理饮食：按宝宝的胃口和喜好合理安排饮食，让宝宝获得充足的营养。

别让鼻涕影响宝宝呼吸：宝宝的鼻涕要及时清理，不要让鼻涕留在鼻子附近，既不卫生，又影响呼吸。

宝宝爱出汗

宝宝总是潮乎乎的： 宝宝刚出生的几周出汗不多，随着汗腺发育完善，活动量增加，出汗是正常的现象，尤其是活动后和进食后，身体产热，自然就出汗。出汗后及时擦干，必要时可换件干爽的衣服，以免汗液蒸发，让宝宝觉得冷。

多汗宝宝的护理

1 多汗的宝宝由于体内水分丧失较多，因此平时要注意给宝宝及时喂奶避免体内缺水。

2 经常给宝宝洗澡、换衣，注意保持皮肤的清洁卫生。

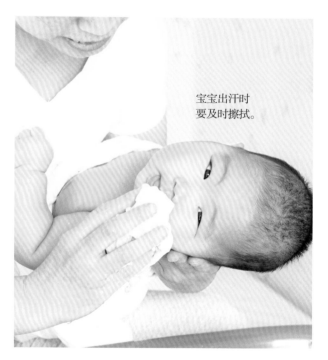

宝宝出汗时要及时擦拭。

护理多汗宝宝的注意事项

- 夏天给宝宝穿衣服的时候最好不要穿太多或者太厚。

- 在为宝宝挑选衣服时，也要注意最好选择纯棉透气的衣物。

- 及时给宝宝擦拭清洁，以避免汗液堵塞毛孔，导致宝宝长痱子，进而滋生细菌。

为宝宝营造舒适的环境

- 宝宝是可以用空调的，但要注意避免吹风口对着宝宝，温度不低于 26℃。

- 夏天的时候给宝宝铺个儿童专用凉席，被子选择轻薄透气棉麻质地的。

- 坚持每天给宝宝洗澡，保持干爽。

培养宝宝好习惯、高情商

1~3 个月宝宝的习惯养成多是依靠建立条件反射，因此离不开爸爸妈妈的引导与照顾。父母在保证宝宝身体健康的情况下，也不要忽视其行为规范的培养。

好习惯的养成

良好的行为习惯要从小开始培养，在不同的阶段有不同的培养重点，点滴积累，养成好习惯，相信可以让宝宝受益终身。

饮食与排便习惯的养成

吃、喝和拉、撒是宝宝生活中的大事。在这些事情上，要给予引导，让宝宝从此时开始就建立良好的习惯。

培养宝宝用手抓奶瓶： 大约从出生 2 个月起，宝宝开始学习使用自己的小手来触摸和感知物体。妈妈用奶瓶给宝宝喂奶时，可以让他自己用手扶着奶瓶。

让宝宝定时排便： 注意观察宝宝的生活规律，一般在睡醒及吃奶后会大小便，此时应查看宝宝的尿布是否脏了，并及时更换。

宝宝出现触摸、抓握动作时，爸爸妈妈们应给予适当的引导，培养他对事物产生兴趣。

宝宝的好习惯离不开父母的好习惯

为 1~3 个月宝宝培养的好习惯大多是父母的引导，也是父母自身良好习惯的体现。爸爸妈妈要用心照顾宝宝，不要偷懒，这样才有利于宝宝养成好习惯。

儿科医生说 利用条件反射帮助宝宝建立早期的好习惯

想在宝宝的小脑瓜里形成条件反射，并不是一件容易的事情。建立有效的条件反射，需要两个要素：

足够简单：宝宝这时很小，理解能力有限，理解不了过于复杂的指令。比如这时不用教宝宝其他事情，只教简单的扶奶瓶即可。

不断重复：每次吃奶时都告诉他自己扶奶瓶。

培养宝宝高情商

　　1~3 个月的宝宝不仅个头在慢慢长大，运动能力和认知能力等方面也有了很大的发展。这一阶段的宝宝能用微笑与大人交流了，也会发出"啊啊啊"的声音了。新手爸妈要学会用正确的方法开发宝宝的潜能，让他更乖巧懂事。

回应宝宝的微笑

　　积极回应宝宝的微笑，给他一个拥抱、亲亲他的小脸，用热切的声音告诉他：爸爸妈妈好喜欢微笑的宝宝。这种回应能让宝宝学会用微笑面对今后成长中的挫折与困难，爱笑的宝宝不但聪明而且乐观。

多和宝宝做游戏

　　宝宝需要父母的精心照料、爱抚、微笑、搂抱、游戏和交流，这不仅能让他充分享受母爱父爱，更是通过触觉、动觉、平衡觉、视听觉的综合刺激，对宝宝的大脑，输送发育必需的"营养素"。

适合宝宝的游戏

小手拍拍

　　宝宝睡觉醒来时，让他舒服地躺在床上。妈妈举起宝宝的两只手，在其视线正前方晃动几下，引起宝宝的注意。一边念儿歌，一边轻轻拍动、摆动宝宝的小手，让宝宝的视线追随手的运动。

看见自己

　　3 个月大的宝宝自我认知能力正逐步提高，爸爸妈妈可以引导宝宝照镜子。可以让宝宝自发地触摸、拍打镜中的父母和自己；摸一摸宝宝的头、鼻子、眼睛等，告诉宝宝每个部位的名称。

妈妈提问医生答

宝宝老吃手指，是不是奶水少了？宝宝几天才大便一次，能喂点西瓜和香蕉吗？苦味的药，宝宝不吃，能混进奶里喂吗？……种种育儿中遇到的问题，让没有经验的爸爸妈妈不知所措。别着急，看看医生的回答吧！

重视变化

随着宝宝一天天成长，吃喝拉撒睡方面都较之前有了一些变化。爸爸妈妈要注意这些变化，及时发现，正确应对。

应对宝宝便秘，可以给宝宝服用益生菌调节肠道。

如何应对宝宝好几天才大便

A 促进宝宝胃肠蠕动，帮助排便 如果宝宝出现消化不良、便秘等情况，妈妈可采取以下措施：妈妈可以定时给宝宝做腹部按摩，促进宝宝肠道蠕动和大便排出；不要喂西瓜和香蕉，宝宝肠胃适应不了。便秘引起腹痛可用开塞露帮助排便；便秘严重则需要就医，遵医嘱用药治疗。

宝宝 1~3 个月身高体重参考

男宝宝的身高为 52.1~63.7 厘米，体重为 5.0~6.9 千克。
女宝宝的身高为 51.2~59.5 厘米，体重为 4.5~6.2 千克。

没长牙也要清洁口腔吗

吃奶时间缩短，是奶水不足吗

A 宝宝没长牙也要清洁口腔 宝宝的口腔卫生搞得不好，很容易引发牙龈炎，表现为宝宝牙龈红肿、哭闹、不愿意吃东西，因此，妈妈要在每次进食后为宝宝清洁口腔。可以将纱布用温水蘸湿，拧干后套在食指上，伸入宝宝口腔将宝宝嘴里的奶渣清理干净。应特别注意牙龈、舌头等奶渣易残留的部位，如果擦不干净，也不必太用力，以免脱皮造成吞咽困难。

A 吃奶时间缩短是好现象 证明奶水足，宝宝吸吮能力进步了。随着宝宝月龄增加，吸吮力增强，妈妈乳量也比月子里增加了，抱着喂奶也会舒服了。宝宝吸吮速度明显增快，吃奶时间相应缩短，间隔时间延长，这是好现象，并非妈妈奶水不足或是宝宝生病了。

误以为异常的情况

宝宝小手冰凉

许多妈妈一摸宝宝的小手凉凉的，就以为是衣服穿少了。其实大多数宝宝在穿着得当、冷热适中的时候，手总是有点凉的。妈妈可以观察宝宝的脸色，当他们感到冷的时候，脸色就不会很红润。男宝宝可以看阴囊判断冷热。如果穿得少，男宝宝感觉冷时阴囊小而硬，形状像小乒乓球；如果穿得多，宝宝感觉热时阴囊大而扁，小睾丸清晰可见。

宝宝的大便稀

宝宝大便次数较多，特别是吃母乳的宝宝大便更多更稀一些。这不一定是腹泻，有很多因素会造成宝宝腹泻，应该先找找原因，然后对症采取措施治疗腹泻。稀的大便次数较多伴有大便性质改变，则要引起重视。宝宝哭闹、厌奶、两眼凹陷、有脱水现象时，则可能是腹泻了。此时应立即送医院诊治，根据医生安排，合理治疗与哺喂。

第三章 4~6 个月

4~6 个月的宝宝骨骼变得强壮了，被妈妈抱起时，宝宝可以自由转动头部，观察这个奇妙的世界了。爸爸妈妈可以多带宝宝去户外走走，既能呼吸新鲜空气，又可以晒晒太阳。对于发育良好的宝宝，这个阶段可以尝试吃辅食了，妈妈的喂养也可以轻松些了。这时妈妈可能要去上班了，要做好和宝宝分开一整天的准备。

4~6 个月宝宝的五大能力

大运动 ①

- 宝宝的四肢更加有力,活动力度越来越大,小手可以抓握住更多东西,喜欢抓玩具;轻拉宝宝的手腕,他即可坐起来。
- 俯卧时可抬头 90°,扶腋可站立片刻。
- 竖抱时头部稳定。
- 扶站时,下肢能支撑自己部分体重。

② 精细运动

- 宝宝会用拇指和其他手指相对握物,并且逐渐将物品握稳。
- 能抓住近处的玩具。
- 会撕纸,会去够桌上的积木。

语言交流能力 ③

- 此阶段的宝宝能够明白母语中所有的基本发音了,会学着发一些音节。
- 新手爸妈要多和宝宝说说话,他会跟着模仿,发出更多声音。
- 会高声叫出声或大声笑出声。
- 听到自己的名字有所反应。

④ 认知能力

- 宝宝的视觉越来越灵敏,喜欢观察各种事物,听到声响会主动寻找声音是从哪里来的。
- 视线能跟随移动的物体上下左右移动。
- 能找到声源。
- 盯着各种颜色的东西看。

社会适应能力 ⑤

- 此阶段的宝宝和大人交流的方式越来越多,表情也越来越丰富,能够用手拒绝自己不喜欢的东西。
- 认识照顾自己的人,会注意到同龄宝宝。
- 会表达自己的欲望。

喂养

职场妈妈母乳喂养攻略

妈妈的产假转瞬即逝，很快就需要从在家带宝宝的状态切换回朝九晚五的上班族生活。上班也要坚持给宝宝母乳喂养，让母乳喂养持续更长时间。所以从上班那天起，做一名光荣的背奶妈妈，让母乳和爱继续在妈妈和宝宝之间流转吧。

上班族妈妈如何继续母乳喂养

职场妈妈要让宝宝习惯用奶瓶。妈妈还应提前学会挤出和保存母乳的方法。

宝宝习惯用奶瓶： 妈妈可以在上班前把母乳挤在奶瓶中，用温水浸泡奶嘴达到母亲乳头的温度，宝宝会慢慢适应的。

调整哺乳时间： 在上班前几天，妈妈就要根据上班后的作息时间调整好哺乳时间，一早一晚安排 2 次妈妈亲自哺乳。其他时间的哺乳，妈妈可以先把奶挤在奶瓶里，

上班族妈妈要安排好亲喂的时间，至少保证每天两次亲喂。

再由照料人用奶瓶喂给宝宝吃。

提前准备好吸奶器： 上班族妈妈要提早准备好吸奶器，白天上班时间根据胀奶情况，吸奶 1~2 次，吸出的奶可以放在奶瓶或母乳保存袋里，放入冰箱或具冷藏功能的背奶包中保存，下班后尽快带回家。在冰箱冷藏室保存的母乳，可以留着第 2 天白天喂给宝宝。

儿科医生说 背奶包里放什么

■ "工欲善其事，必先利其器"，这是至理名言。好装备是让背奶过程更加轻松顺利的保障。

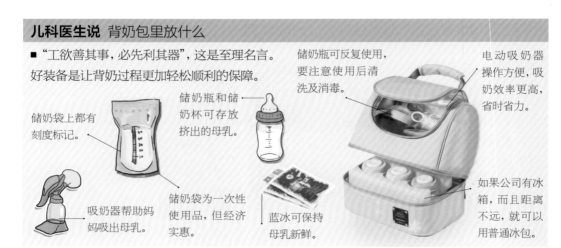

储奶袋上都有刻度标记。

储奶瓶和储奶杯可存放挤出的母乳。

吸奶器帮助妈妈吸出母乳。

储奶袋为一次性使用品，但经济实惠。

蓝冰可保持母乳新鲜。

储奶瓶可反复使用，要注意使用后清洗及消毒。

电动吸奶器操作方便，吸奶效率更高，省时省力。

如果公司有冰箱，而且距离不远，就可以用普通冰包。

母乳的哺喂和储存

冷藏的母乳要用暖奶器或不超过40℃的热水隔水温热；加热母乳超过40℃，会导致母乳蛋白变性及免疫因子失活，脂肪含量会降低，所以母乳不能加热温度过高。乳汁经过口腔和食道暖化，不会影响胃肠功能。

上班时如何收集母乳

妈妈上班时要携带奶瓶，可在工作休息及午餐时间在隐秘场所挤奶。挤完奶后，要将奶瓶及时放在冰箱或保温桶中保存。妈妈每天可在同一时间挤奶，建议在工作时间每 3 小时挤奶 1 次。下班后携带母乳的过程中，仍然要保持低温。回家后要立即放入冰箱储存。另外，储存的母乳要注明挤出的时间，便于取用。

母乳出现分层或变蓝是变质了吗

冷藏的母乳出现分层是正常的，主要是因为母乳存储后水乳出现了分离，脂肪浮到表层，形成水层和脂肪层，这是正常的现象。只需要在复温时，轻轻旋转奶瓶，摇匀母乳就可以了。另外，冷藏的母乳呈现淡淡的蓝色是正常的，不用担心。

千万不要反复温热母乳

冷藏的母乳一旦复温，就不能再次冷冻或冷藏，也不能反复温热后给宝宝吃。解冻的母乳也不能再次冷冻。所以宝宝一顿吃不完的话，最好选择容量小的储奶瓶或储奶袋。按照国际母乳协会推荐，一份冷藏的母乳量应为 60 毫升。

如何正确使用吸奶器

吸奶器用起来很方便，是妈妈不可缺少的帮手，还可以在妈妈上班、宝宝没法吃奶时吸奶并储存起来。下面介绍如何更高效、更方便地使用吸奶器：

1 每次吸奶前，不管是手动吸奶器还是电动吸奶器，都要将除了把手以外的每一个零件拆下来消毒。

2 用熏蒸过的毛巾温暖乳房，并按摩刺激乳晕。（对于上班族的妈妈，如果条件不允许，此步可省略）

3 吸奶器按在乳房上时不要太过用力，轻轻放在上面就好了，不要频繁按压，而要轻按、慢按，产生负压后奶水便会自然流出。

4 吸奶时间要根据自身情况来定，一般控制在 20~30 分钟，时间不要过长，吸累了可以先休息会儿再吸。

5 吸完奶后，须及时清洗、消毒吸奶器。

轻松背奶七步走

背奶是一个琐碎的活儿，一个不小心忘了什么东西就会让当天的背奶化为泡影，背奶妈妈再着急也没有办法。所以，妈妈在忙照顾宝宝、忙工作的同时，一定要牢记背奶的各种细节。下面这7个步骤，可以给背奶妈妈提个醒，把它张贴在家里，出门前看一看，可以避免遗漏。

1 头天晚上： 对于公司没有冰箱或路程太远的背奶妈妈来说，在上班的前一天晚上就要把蓝冰放进冰箱冷冻室。另外，还要检查一下上班要带的东西和背奶工具是否齐全，避免第二天早晨手忙脚乱地翻找东西。

2 第二天起床后： 把吸奶器、空的储奶瓶、冷冻好的蓝冰装进保温包，储奶瓶可根据需要多带几个。

3 临出门前： 再亲喂一次宝宝，既能满足宝宝，也可避免在上班路上出现胀奶。

4 到公司后： 第一时间就要把冰包拿出来放进冰箱的冷冻室，如果没有冰箱，就得把装有蓝冰的保温包放在一个避光且温度相对较低的地方。

5 上班时：背奶妈妈最好每隔两三个小时吸一次奶，吸完后，及时将储奶瓶放进冰箱冷藏室，若无冰箱就放进装有蓝冰的保温包里。

6 下班前：一定要记得把冷藏在冰箱里的储奶瓶和冷冻室里的蓝冰一起装进保温包里。

7 到家后：要先把保温包里的储奶瓶拿出来，放进冰箱冷藏室。妈妈别忘了将蓝冰也拿出来放进冷冻室，以备第二天再用。

背奶妈妈给自己选择一个吸奶空间

■ 如果只能在卫生间吸奶的话，新妈妈可以搬把椅子进去，可以放吸奶的各种工具。不过，最重要的是，要避开如厕高峰，以免妈妈产生焦急心理，影响乳汁分泌。

■ 如果公司有会议室，是最好不过的了，会议室一般都比较僻静，而且隔音效果比较好，几乎听不到吸奶器的声音。新妈妈可以和上司沟通一下，在不开会的时候占用一下会议室。

■ 茶水间或会客室也可以作为不错的吸奶室，背奶妈妈要学会见缝插针地使用这些公共空间。不过，在使用茶水间或会客室吸奶时，背奶妈妈最好在门上贴一张"男士止步"的门贴，防止有人突然闯入。

吸奶时避免尴尬的几个小妙招

■ 用不透明的塑料袋子将储奶瓶包一下再放进冰箱，这样男同事就不会总是奇怪你为什么每天都往家里带好几瓶奶了。

■ 背奶妈妈尽量选择声音小的电动吸奶器或用手动吸奶器，以免声音太大引起同事们的注意和猜测。

■ 当领导和同事频繁询问你为什么一定要背奶的时候，你可以轻松地回答一句："因为我家宝宝对配方奶过敏。"只需一句话，他们就会打消让你放弃背奶的念头了。

可以尝试添加辅食了

　　母乳是宝宝最理想的食物,但是随着宝宝一天天地长大,要尝试给宝宝添加辅食了。添加辅食的建议是宝宝满 6 个月,不早于 4 个月,具体情况还要根据宝宝的适应情况酌情调整,科学添加辅食可以让宝宝长得更强壮。

添加辅食从米粉开始

　　米粉是专门为婴幼儿设计的初始辅食,富含各种营养,特别是此阶段的宝宝生长发育所需的铁可以通过米粉获取,以防止缺铁性贫血。目前,市售婴儿营养米粉种类繁多,妈妈在选购前可以征询其他妈妈的建议,再挑选更为适合自己宝宝的品牌产品;在挑选时也可根据宝宝的月龄选择合适的口味或营养成分;也可以同时选购几种米粉,观察宝宝更喜欢哪款。

米粉营养成分全面:米粉本身就含有蛋白质、脂肪、维生素等,还在这一基础上添加了钙、铁、维生素 D 等营养素,特别是其中的铁,更能满足宝宝的生长需求。

米粉更易调制,方便食用:不像传统米浆、米粥之类还需要等候熬煮。

米粉的致敏性更低:婴儿米粉的配方经过考量,不添加致敏的因素,选购时看清配料表,比较安心。

一次只添加一种辅食

给宝宝添加辅食一定要一样一样添加,密切观察宝宝是否有过敏或其他不良反应,注意不要混合添加。

儿科医生说　如何正确冲调米粉

- 1. 在宝宝专用的辅食碗中放适量的热水(40~50℃),不宜用配方奶冲调米粉,营养混合在一起,影响宝宝消化和吸收。

- 2. 将独立包装或用勺子取适量的米粉放入碗中,一般刚开始每次 1 小勺,适应后可增加进食量或次数。

- 3. 用宝宝吃辅食专用的勺子,将米糊沿着一个方向搅拌至没有颗粒状,就可以喂给宝宝吃了。

尝尝水果泥和蔬菜泥

宝宝单一吃米粉，口味和营养都不够全面，可以给宝宝少量添加水果泥和蔬菜泥。

辅食推荐

苹果泥

原料： 苹果 1 个。

做法： ①将苹果洗净，用开水略烫。②用消过毒的水果刀将苹果切成两半，去核。③用小勺轻轻刮成泥状喂给宝宝即可。

南瓜泥

原料： 南瓜 40 克。

做法： ①南瓜去皮和瓤，洗净后切成薄片，然后将南瓜片放入蒸锅内，加盖，大火隔水蒸 10 分钟。②取出蒸好的南瓜，倒入碗内，用勺子将南瓜搅拌均匀，压制成泥即可。

胡萝卜泥

原料： 胡萝卜半根，温开水适量。

做法： ①胡萝卜洗净，加水煮熟。②用勺子压成泥，加适量温开水拌匀。

西蓝花米糊

原料： 西蓝花半个，米粉适量

做法： ①将西蓝花洗净，用淡盐水略泡 15 分钟，切碎，用水煮软，用料理机碾碎成泥。②米粉调好，加入西蓝花泥拌匀即可。

宝宝必需的营养

补铁辅食，预防宝宝贫血

宝宝在 6 个月以前不易贫血，这是因为在出生前妈妈已给宝宝储备了头几个月生长所需的铁。而 4~6 个月后要从食物中摄入铁，如果食物中含铁量不足就会发生贫血，这也是造成这一阶段宝宝贫血的主要原因。所以 4~6 个月以后的宝宝，必须有规律地添加辅食来补铁，摄取一些含铁的食物。可以添加强化铁米粉和红肉泥，绿色蔬菜泥和新鲜水果泥也需要及时补充，其中丰富的维生素 C 有利于促进铁的吸收。

关注宝宝的发育状况

- 每月的例行体检，妈妈要重视起来。
- 补充维生素 D 预防缺钙、缺铁等现象。

宝宝成长所需的关键营养素

1 牛磺酸：具有多种生理功能，是宝宝健康必不可少的一种营养素，在脑神经细胞发育过程中起重要作用。

2 锌：锌可以促进宝宝味觉发育，也是智力发育不可或缺的重要营养素。

3 铁：宝宝体内储存的铁可供 4~6 个月之需，4~6 个月后，从母乳中得到的营养物质已经不能满足宝宝生长发育的需要，因此需要补充铁来避免宝宝贫血。

4 钙：可强健宝宝的骨骼和牙齿，维持规则的心律，帮助体内铁的代谢，强化神经系统。

5 维生素 D：单纯补钙并不能增加宝宝对钙的吸收，要在维生素 D 的帮助下，钙才能顺利地被吸收。

6 B 族维生素：促进宝宝的神经系统发育，保护宝宝的皮肤和心脏功能。

儿科医生说
宝宝缺乏矿物质的表现

面色苍白：缺乏铁元素，容易贫血。

免疫力下降：缺乏锌元素，出现呼吸道感染，食欲不振。

身材瘦小：缺乏硒元素，影响生长发育。

出牙晚：宝宝长牙晚，那么极有可能是缺钙导致的。

口角炎、皮炎：缺乏维生素 B_2，可添加绿叶菜类的辅食。

添加辅食的注意事项

满 6 月龄是添加辅食的推荐时机

宝宝 6 个月时，纯乳类食品已不能满足他的生长需要，因此需要及时添加辅食。但是，添加辅食并不意味着母乳喂养的结束，主要食物依然是母乳或者配方奶，辅食只是补充，为今后过渡到以饭菜为主要食物做好准备。至于辅食添加的时间、次数，还要根据宝宝的个体差异而定。

辅食添加因宝宝而异

1 纯母乳喂养的宝宝，除了母乳什么也不吃，说明妈妈奶水充足，宝宝没有对其他食物的需求。遇到这样的情况，只要适当给宝宝添加含铁丰富的食品，如强化铁米粉、菜泥，其他就不必过多添加了。纯母乳喂养的宝宝，6 个月后才开始添加辅食也是很正常的事情。

纯母乳喂养的宝宝，要适时添加强化铁米粉。

2 辅食添加合理、科学，能促进宝宝身体各项功能的发育，添加不合理、不科学会给宝宝带来不适，并给宝宝今后的健康埋下隐患。

育儿误区 过早添加辅食

- 宝宝消化道发育不成熟，功能较差，各种消化酶分泌较少，过早添加辅食会使消化系统处于"超负荷"的工作状态，增加胃肠道负担，诱发肠蠕动紊乱，引发肠套叠。

- 宝宝免疫系统脆弱，过早添加固体食物容易引发过敏反应。

- 宝宝消化系统、肾功能尚未健全，过早添加固体食物会增加不必要的负担。此外，固体食物的过早添加，还会造成宝宝对母乳摄取的减少，从而破坏营养的平衡。

添加辅食从这几方面考虑

- 明确添加辅食的目的和时间。
- 以兴趣培养为主。
- 尊重宝宝口味。
- 要有一定的顺序性。
- 配合宝宝的消化、吞咽、咀嚼能力。

护理

4~6 个月的宝宝活动能力逐渐增强，开始长牙齿，开始关注外部世界的变化。为了宝宝的身心健康，爸爸妈妈要积极地创造一个舒适安全的成长环境。

出牙期的护理

宝宝什么时候长牙？先长出哪几颗牙？需要给宝宝刷牙吗？相信这些都是新手爸妈非常关心的问题。让宝宝拥有一口健康洁白的牙齿，不仅更漂亮、可爱，还能使他更阳光、自信，所以一起来了解如何护理宝宝的小牙齿吧！

宝宝出牙期常见症状

6 个月左右的宝宝开始露出尖尖的小牙齿了，有的宝宝出牙时没有什么异常反应，但是有的宝宝可能会出现一些状况，如烦躁、睡眠不安等。所以，还需要妈妈细心地做好宝宝出牙前后的家庭护理工作。

发热：如果宝宝体温不超过 38℃，且精神和食欲都很好，只需多喝水，不用特殊处理；如果宝宝体温超过 38.5℃，还有哭闹、拒食的情况，则需要及时降温并立即就医。

哭闹：因乳牙的萌出会导致宝宝牙龈肿胀、疼痛、不舒服，难免哭闹。爸爸妈妈可以戴上指套或用湿润的棉布帮助宝宝按摩牙龈，也可将牙胶冰镇后给宝宝磨牙，缓解不适，帮助乳牙萌出。

流口水：是出牙期的正常反应，最好给宝宝戴围嘴，及时擦干流出的口水。

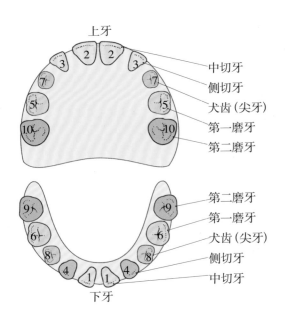

上牙
中切牙
侧切牙
犬齿（尖牙）
第一磨牙
第二磨牙

第二磨牙
第一磨牙
犬齿（尖牙）
侧切牙
中切牙
下牙

宝宝出牙顺序图

牙齿保护从宝宝出生就开始了

宝宝未长牙前，父母应在宝宝吃完奶后或睡觉之前，用温热的水浸湿消毒纱布，然后卷在手指上，轻擦宝宝口腔各部分黏膜和牙床，以去掉残留在口腔内的乳凝块。

儿科医生说 龋齿要及时治疗

龋齿也叫"虫牙""蛀牙"，龋齿刚发生时，宝宝没有任何感觉，更不会感到疼痛，这时不易引起父母重视。当龋齿破坏较深后，出现大小不等的龋洞，遇食物嵌入或酸甜冷热刺激后就会发生疼痛，这时病变已开始涉及牙髓，如不及时治疗，可引起牙髓病变。当炎症继续发展到牙根时，就会引起持续性疼痛，牙齿不能咬合，形成牙龈瘘管，甚至成为一个病灶，引起全身性疾病。所以父母要经常为宝宝检查牙齿，若发现龋齿应立即带宝宝看牙科医生，进行早期治疗。

乳牙萌出的顺序

牙齿有乳牙和恒牙之分。2 岁半左右出齐的是乳牙；6~8 岁时乳牙逐个脱落，换成恒牙。一般情况下，宝宝 5~8 个月开始萌出乳牙，11 个月宝宝会出 5~7 颗牙，1 岁时出 6~8 颗牙，2 岁半左右出齐，共 20 颗。牙齿一般是成对萌出，最先萌出的乳牙为下面中间的一对门牙，叫乳中切牙。然后是上面中间的一对门牙，随后再按照由中间到两边的顺序逐步萌出。

帮宝宝顺利度过出牙期

坚持母乳喂养。 母乳对宝宝而言，是最有益的食物。母乳喂养对宝宝的乳牙很有利，且不易引发龋齿。添加辅食时要给宝宝多吃玉米泥、果泥和菜泥，这些食物能有利于乳牙的萌出和生长。

给宝宝吃磨牙食品。 当宝宝产生出牙不适感而喜欢啃咬东西时，妈妈可以准备一些专为出牙宝宝设计的磨牙饼干，让宝宝啃咬，以缓解不适。

清洁已经长出的乳牙。 从宝宝开始萌出第 1 颗乳牙后，就必须每天清洁了。妈妈可用干净的纱布为宝宝清洁小乳牙。每次给宝宝吃完辅食后，可以加喂几口白开水，以冲洗口中食物的残渣。

如何护理宝宝的乳牙

宝宝长出乳牙了，这表明宝宝的成长又上了一个台阶。你会护理宝宝的乳牙吗？一起来学习吧。

1 从宝宝长出第一颗乳牙就要注意清洁，妈妈可以用干净柔软的儿童牙刷轻轻给宝宝刷乳牙。

2 宝宝乳牙萌出时，喜欢咬奶头、吃手指。这时爸爸妈妈应适当给宝宝吃一些面包干、饼干，让宝宝咀嚼。

3 吃奶后和睡前适当饮用些白开水，以清洁口腔，或用温开水漱漱口。

4 食指用纱布缠好，轻轻按摩宝宝牙龈和刚刚长出的小牙，以缓解宝宝出牙期的不适感。

日常护理

宝宝此时掌握许多新技能，可以翻身，甚至会坐着。照顾宝宝的爸爸妈妈就更要多多留意宝宝的行为，以免造成不必要的伤害。

防止会翻身的宝宝摔下床

宝宝会翻身之后经常从床上掉下来，这是很多妈妈担心的问题。宝宝滚下床不仅会伤害宝宝娇嫩的皮肤，更严重的还会伤害到宝宝头部。

在床边的地板上铺上软垫：这样万一宝宝不小心掉下床，也不至于直接撞在地板上。

移除婴儿床周边的杂物：如果婴儿床附近有家具的棱角（如柜子或桌角），应该在转角上加装软垫，或者用布将尖锐的角包裹起来。

装上护栏：现在的婴儿床一般都装有护栏，如果没有，爸爸妈妈可自己在婴儿床边加装护栏，以避免宝宝不小心跌落。

婴儿床护栏间隔不要过宽

婴儿床护栏的间隔距离必须小于 10 厘米，才不会出现宝宝头部被卡住的危险情况。

儿科医生说 不宜让宝宝过早练习坐和站

- 有些妈妈特别注意锻炼宝宝的运动能力，想让宝宝尽量多坐多站。但是宝宝发育刚刚开始，身体各组织十分薄弱，骨骼绝大部分由软骨构成，骨质柔软，过早负重，对发育不利。

- 如果过早学坐，由于脊椎骨缺钙柔软，背部肌肉不发达而松弛，宝宝会出现脊柱侧弯畸形或驼背。倘若过早练习站立，因下肢骨柔软脆弱，经受不住上身的重量，容易疲劳，下肢的血液供应也因此受到影响，影响骨骼健康。

不要让太小的宝宝过早练习坐和站，这样无异于揠苗助长，影响宝宝的骨骼发育。

户外活动时要照顾好宝宝

户外活动可以让宝宝充分地享受新鲜空气和温暖的阳光，锻炼皮肤和呼吸道黏膜，促进新陈代谢。但是也有很多不确定因素，因此户外活动时爸爸妈妈一定要格外小心呵护宝宝。

放在推车里的时候最好给宝宝系上安全带：系上安全带能防止陌生人轻易抱走宝宝；但当道路不平时要把宝宝抱出来，以免颠簸，震伤大脑。

不要到人口聚集处，比如商场、电影院等地：这些地方通风不好，人流复杂，难免有病人或病菌携带者，而宝宝抵抗力弱，容易被感染。

夏天注意防晒、降温：夏天天气炎热要给宝宝戴帽子，抹防晒霜，同时要注意避免长时间地抱着宝宝。因为长时间地抱着宝宝不利于散热，会造成宝宝体温过高。

及时给宝宝补充水分：出门时携带保温杯和奶瓶，及时给宝宝补水，培养宝宝喝水的好习惯。

怎样防止宝宝过敏

如果宝宝是过敏体质，妈妈就要带宝宝到医院进行过敏原筛查，通过筛查，可以掌握易引发宝宝过敏的物质"黑名单"。日常生活中，哺乳妈妈要避免吃容易导致宝宝过敏的食物。

给宝宝理发需谨慎

使用理发用具前详细阅读说明书，特别是安全方面的注意事项。用后也要收好，不要给宝宝当玩具。妈妈在给低龄宝宝理发时，最好有他人帮助。如果宝宝哭闹，最好不要强迫他，等他安静下来或者睡着了再理。

请理发师为宝宝理发时，要注意理发师是否具有给婴儿理发的丰富经验。此外，理发用具是否安全也很重要，而且理发前要经过严格的消毒，以避免交叉感染。理发过程中注意不要弄伤宝宝头皮，年幼的宝宝皮肤很娇嫩，如果不小心剃伤皮肤会引起细菌感染。

宝宝见到什么都想尝一尝

宝宝通常会把他感兴趣的东西放到嘴里尝尝，这是每一个宝宝都要经历的阶段，叫作"口欲期"。爸爸妈妈大可不必太紧张，如果强行阻止，宝宝反而会认为爸爸妈妈在和他做游戏，进而更加饶有兴趣地把东西往嘴里送。

育儿误区 强制宝宝别咬东西

- 到了口欲期，每个父母都非常烦恼，因为无论怎么制止，小宝宝都会把所有能拿得到的东西放进嘴里，无论是能吃的还是不能吃的。

- 有些小宝宝被制止后还会哭闹不止，怎么哄也哄不住，还会影响宝宝正常度过口欲期，比如会影响以后的表达和交际能力，或养成动不动咬人的不良习惯。

告诉宝宝哪些东西不能咬

- 宝宝现在已经拥有一定的物体识别和记忆能力了，当宝宝抓起东西往嘴巴里放的时候，爸爸妈妈应该告诉宝宝什么是可以咬的，什么是不能咬的。

正确应对宝宝喜欢咬东西的方法

1 筛选大小合适的玩具给宝宝玩。把容易吞进肚里的、容易咬掉的或者太硬容易伤害宝宝的玩具收起来。

2 定期对玩具进行清洗和消毒，尽可能地杀灭病菌，以消除安全隐患。

3 把宝宝周围危险的物品清理干净，尽量把危险降到最低。

4 宝宝咬东西时，不要强行制止，否则不利于宝宝的身心发育。

5 引导宝宝用正确的方法玩玩具。比如他要咬摇铃，妈妈就尽量声情并茂地为宝宝演示摇铃是用来摇出声音的。

6 宝宝现在正处于出牙阶段，牙龈痒痒也是他咬东西的原因，等牙齿长出，这种现象就好多了，爸爸妈妈不要太心急。

给宝宝提供可以咬的玩具，当他想咬的时候可以及时提供给他，把手里的玩具替换出来。

儿科医生说 口欲期需要警惕的问题

- 注意咬唇：当宝宝口欲期没有得到满足时，就喜欢咬唇，会出现上下牙畸形。
- 注意吐舌：吐舌头形成习惯就会引起下颌畸形，对牙齿造成压迫。
- 口欲期的延长：导致口腔发育的各种问题，还可能导致宝宝咬人。
- 是否有其他疾病：如果宝宝总是吃和看一只手，另一手很少有动作及时就诊以确定是否脑瘫。

注意宝宝服装的安全性

4~6 个月的宝宝还不能有意识地控制自己的行动，服装的安全性非常重要。给宝宝准备的衣服最好是系带的而不要带扣子的，以免扣子被宝宝误食。宝宝衣服上的装饰物也要尽可能少，装饰性小球之类的东西一定要去掉。此外，还要经常检查宝宝的内衣裤和袜子上是否有线头，以防宝宝的小手、小脚丫，甚至有可能是男宝宝的阴茎被内衣的线头缠伤。

仔细挑选宝宝的玩具

4~6 个月的宝宝已经有了自主活动的能力和意识，玩具对于宝宝越来越重要，选择适合宝宝目前月龄的玩具，能促进宝宝能力的发展。这个阶段的宝宝，婴儿床拱架上的玩具，抓握类玩具，能发出声音的手镯、脚环都可以促进宝宝全身及手眼协调的发展。会掉色、掉零件、能被啃坏的玩具，都不要给宝宝玩。

毛绒公仔：毛绒玩具看起来十分可爱，可以吸引宝宝的注意力，且质地柔软，宝宝玩时不会被弄伤。

毛绒积木：宝宝玩毛绒积木可以锻炼小手的抓握能力，有利于提高宝宝的运动能力。

布书：不仅撕不烂，还可以帮宝宝养成阅读的习惯。

洗澡玩具：分散注意力，减少宝宝对洗澡的恐惧，让洗澡变得更有趣。

睡眠

随着宝宝长大，睡眠时间慢慢减少，睡眠模式与成人的睡眠模式更加接近。在这个阶段可以慢慢地培养宝宝规律的睡眠习惯，尽量让宝宝睡上一整晚。

宝宝可连续睡七八个小时

这个时期的宝宝已经可以在晚上不间断地连续睡七八个小时，因此最好在这一时期开始训练宝宝睡自己的床。晚上睡眠充足的宝宝白天可以醒很久，而且入睡容易。

睡眠时间规律了

宝宝 3~4 个月大时，你可能仍然要在晚上起来给宝宝喂奶。不过，等宝宝长到 6 个月大时，他的身体条件就已经能够让他睡整夜觉了。

4 个月的宝宝：晚上睡眠时间延长，白天大约能睡三次觉，每次 2~3 个小时，每天能睡 15~16 个小时，夜间的连续睡眠时间能达到 5 小时左右。但具体睡眠情况每个宝宝各有不同。

5 个月的宝宝：能区分白天和黑夜了，每天睡觉的总量为 14~16 个小时，白天还需要睡两三次觉，不同宝宝睡觉时间也会有差异。

6 个月的宝宝：每天基本会睡 13~15 个小时。宝宝晚上醒的次数也减少了，有的甚至能够一觉睡到天亮。白天一般睡两三次，睡够 4 小时就差不多了，这样有利于培养宝宝一觉睡到天亮的习惯。

儿科医生说 如何应对宝宝的睡眠问题

- 如果宝宝经常晚上醒来，长时间啼哭，午夜还保持警惕、清醒状态，在床上玩闹 1 小时以上还不能安静入睡，这说明宝宝可能出现了睡眠问题。

- 给父母的建议：保证合理适量的运动，同时也保证宝宝有安静的、单独玩耍的和与父母互动的时间。多抚摸、拥抱、亲吻宝宝，让宝宝建立安全感，消除因分离焦虑产生的睡眠障碍。

- 帮助宝宝建立规律的作息时间表，并学会观察记录，随时找出原因所在并加以调整。

宝宝可以睡枕头了

宝宝头部活动更加灵活，颈部增长，肩部增宽，已出现第一个脊柱生理弯曲，可以给宝宝睡枕头了。选择一个适宜的枕头对宝宝来说非常重要。

枕头长度与肩同宽

婴儿枕头高度以 2~3 厘米为宜，可根据宝宝发育状况、穿衣厚薄情况加以调整，长度与宝宝肩同宽。如果枕头过低，使宝宝胃的位置相对高，容易吐奶；如枕头过高，会影响宝宝睡眠时的呼吸通畅。

选自然安全的材质

枕芯质地应轻便、透气、吸湿性好，软硬均匀。可选择稗草籽、灯芯草、蒲绒、荞麦皮等材料填充，不要使用泡沫塑料或腈纶、丝绵做填充物。对于不明填充物的枕头，妈妈要慎重购买。一般来说，天然、传统的产品相对安全。

保持枕头的清洁

宝宝新陈代谢旺盛，头部易出汗，因此，枕头要及时洗涤、暴晒，保持枕面清洁。否则，汗液和头皮屑粘在一起，易使致病微生物贴附在枕面上，不仅干扰宝宝入睡，而且极易诱发湿疹及头皮感染。

选择软硬适中的枕头

长期使用质地过硬的枕头，易造成宝宝头颅变形。要想让宝宝有个好看的头型，除了应选择软硬适度的枕头，还要注意经常变换体位。

如何纠正宝宝偏头的习惯

4~6 个月时，如果发现宝宝有偏头的现象，可通过下面两个方法纠正。

1 将头部一侧垫高或买个矫形枕：在宝宝的头部有点偏的一侧，用松软的东西垫高一些，使宝宝头部不能随意偏向该侧，或者去婴童专卖店买个矫形枕。

2 变换位置跟宝宝说话：妈妈或家人要左右两边都坐着跟宝宝说话，不要只在一边跟宝宝说话，以避免宝宝睡出偏头。

疾病与不适

4~6 个月宝宝的消化系统功能发育还不完善，加上新手爸妈一时疏忽喂养不当，可能会发生便秘和呕吐等情况。遇到这些情况不要慌，学会科学护理就能避免和解决这些不适。

便秘

宝宝添加辅食后，开始吃固体食物，这个时期的过渡膳食中液体和膳食纤维往往不够。另外，对新添加的辅食过敏也会导致便秘。

尽可能母乳喂养：母乳喂养的宝宝发生便秘的可能性较少。如果发生便秘，可给宝宝喂兑了温开水的菜泥或果泥等。

适当按摩腹部：按摩左下腹，轻轻地由上而下地按摩，促使大便下行排出。还可以适当地按摩小儿肛门口，用温水刺激一下肛门，这能引起生理反应，促进宝宝排便。

给宝宝多喝水：添加辅食后，平时注意让宝宝多喝水，可促进肠蠕动，诱导排便。

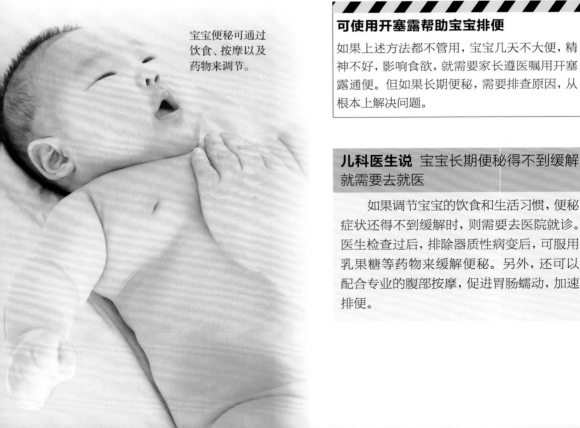

宝宝便秘可通过饮食、按摩以及药物来调节。

可使用开塞露帮助宝宝排便

如果上述方法都不管用，宝宝几天不大便，精神不好，影响食欲，就需要家长遵医嘱用开塞露通便。但如果长期便秘，需要排查原因，从根本上解决问题。

儿科医生说 宝宝长期便秘得不到缓解就需要去就医

如果调节宝宝的饮食和生活习惯，便秘症状还得不到缓解时，则需要去医院就诊。医生检查过后，排除器质性病变后，可服用乳果糖等药物来缓解便秘。另外，还可以配合专业的腹部按摩，促进胃肠蠕动，加速排便。

呕吐

6 个月的宝宝可以添加辅食了，宝宝的肠胃功能还不健全，如果辅食添加不合适很容易发生呕吐。宝宝呕吐的几种情况：

从嘴巴两侧滴滴答答流出来

一般发生在喝奶之后，原因是喝奶太多，妈妈不必太担心。

像喷水一样猛然吐出来

喂完奶后，宝宝无法顺利打嗝，在呼气的同时吐奶，有时像喷水一样猛然吐出来，如果长时间、持续呈喷射状吐奶，应及时就医。

如何应对宝宝呕吐

为了预防宝宝再次感到恶心，要用干净的棉布及时把宝宝嘴巴周围擦干净。不能让宝宝长时间仰卧，否则可能会被吐出来的东西堵住口鼻，引发呼吸困难甚至窒息。

擦干净宝宝嘴边的呕吐物：宝宝呕吐后要及时用干净柔软的小棉布把嘴边的呕吐物擦干净。

换上干净衣服：宝宝吐完要给他换上干净衣服，不要马上进食。

抱起宝宝抚摸他：妈妈可以将宝宝抱起来抚摸他或轻声安慰他。

如何及时发现宝宝生病了

宝宝生病，要及时发现才能及时治疗，但如何能及时发现宝宝生病了呢？其实在宝宝表现出明显的症状之前，会有一些特殊的早期信号，能够告诉大人他可能是生病了。

食欲缺乏、不愿吃东西：宝宝吃奶不好，有时伴有呕吐甚至进食、进水均困难。

大便异常：大便次数增加，带有不消化食物，并有酸味、泡沫或有脓血。

发热：体温偏高，并有感冒、呕吐或腹泻症状。

睡眠不好：易惊醒、烦躁，严重者入睡后不易被叫醒。

啼哭：宝宝生病了就会啼哭，不论大人用什么方式引逗都没效果。

烫伤

4~6 个月的宝宝小手能抓住更多东西了，爸爸妈妈在吃饭、喝水时，一不小心，宝宝的小手就伸过来抓碗、抓杯子，很容易造成烫伤。此外，给宝宝用热水袋时，也可能会烫伤宝宝，新手爸妈要格外注意。

杜绝宝宝周围的危险因素

- 宝宝受到的意外伤害多是父母的疏忽造成的。为了让宝宝免受伤害，平时要让有危险的东西远离宝宝。

宝宝烫伤后的正确处理方式

1 冲：宝宝烫伤后马上用流动的凉水持续地冲洗烫伤部位，局部降温，坚持冲洗 10 分钟。检查烫伤的程度，如果是轻度烫伤，可以用纱布冷敷，继续止痛和降温。冲洗之后用纱布包好烫伤处，最好不要涂药。

2 脱：如果隔着衣服烫伤，能脱掉的外套就直接脱掉，贴身的衣服不要暴力撕破，而是用冷水冲洗，然后用剪刀剪破后尽快就近就诊。

3 泡：如果只是小面积的烫伤，可以在一盆冷水（不是冰水）中浸泡 10 分钟，以便缓解疼痛，稳定宝宝情绪；如果烫伤面积比较大，就不要长时间浸泡了。

4 敷：如果是脸部或额头烫伤，轮流用湿毛巾冷敷（用一块无菌纱布轻轻盖住烫伤部位，以防止感染），如果水疱破裂，冷敷后马上送医院。

5 送：如果是大面积烫伤，用湿毛巾冷敷，别用任何药物，马上就医。

儿科医生说
宝宝身边的危险因素

远离热源：热源一定不要放在宝宝可以够到的地方。

塑料包装袋：若宝宝不慎被塑料包装袋盖住了口鼻，很可能引起窒息。

电源插座：用保护盖盖住插座和电源插口，防止宝宝用手去抠。

拉宝宝胳膊：切忌牵拉宝宝一条胳膊，以防止肘关节牵拉伤。

洗澡时宝宝独自在水盆里：宝宝洗澡时，身边一定要有家人的看护。

坠床

　　宝宝会翻身了，有时晚上爸爸妈妈睡得太熟，没有及时留意宝宝，结果导致宝宝从床上翻到地上了，其实很多宝宝都有从床上跌落的经历，妈妈们也不必因此自责和焦虑。宝宝跌落后别慌张，从以下几点进行检查，可以及时发现宝宝是不是有摔伤，需不需要去医院。

怎样检查宝宝掉床后的受伤情况

1 检查宝宝的神志：如果宝宝能哭，说明问题不大。如果宝宝神志不清，叫他名字没有任何反应，或出现呕吐，说明可能出现颅内损伤，需要立即送医院急救。

2 检查宝宝的关节：如果宝宝胳膊、腿、手脚活动自如，说明没有骨折。如果宝宝某段肢体出现肿胀变形，一动就哭，那就是有骨折的部位了。应马上固定好骨折部位，平托着宝宝去医院。

3 检查宝宝皮肤：全面检查一下宝宝浑身上下有无外伤，有些宝宝会在皮肤上出现青紫的痕迹，一般是皮下出血，瘀血 3~5 天即可自行吸收，不用紧张。

4 观察宝宝状态：宝宝坠床之后两三天内，妈妈也要注意观察宝宝，如果吃、喝、玩、睡没有异常，就可以放心了。如果有嗜睡、呕吐、精神不佳等情况，要及时看医生。

育儿误区　让宝宝单独睡没有护栏的婴儿床

- 宝宝会翻身后，一定要让宝宝睡在有护栏的床上，不要偷懒把宝宝放在没有护栏的床上，很多时候误以为没事，结果造成宝宝跌落。

- 若是让宝宝睡婴儿床，必须要加护栏，不然父母睡觉时要保持警惕，不时起来查看宝宝的情况。

父母要注意宝宝的睡眠安全，尽量不要因为自己的疏忽大意导致宝宝坠床。

培养宝宝好习惯、高情商

4~6 个月的宝宝已经有了一定的认知能力，父母的言行都会对宝宝产生影响。良好的习惯会让宝宝受益终身，好的习惯养成离不开父母的谆谆教导。

卫生习惯养成

家庭中良好的生活氛围和规律的作息时间无形中会对宝宝产生积极的影响，所以父母和家人要保证家庭生活规律，秩序井然，这样也有利于宝宝良好生活习惯的养成。

如何纠正爱吸吮手指的习惯

吮手指多是宝宝在排解"无聊"，可以通过多和宝宝做些有趣的游戏来消减宝宝对手指的"特别关注"。

陪宝宝玩，让宝宝不无聊：经常和宝宝说笑逗趣，激发欢乐情绪，创造各种游戏活动的条件，用可锻炼宝宝视、听、触觉和想象力的玩具及锻炼动作发育的器械让宝宝玩。

转移注意力，正面教育：可在他吮手指时，把手拿出并给他玩具或提示他去做他特别感兴趣的游戏；还可以给宝宝安全卫生的牙胶和磨牙棒，以缓解长牙期的不适。

不要让宝宝忍饥挨饿：母乳喂养的宝宝，应根据需要随时哺喂，每次不要匆忙结束，也不必过于强调定时，以满足宝宝吸吮本能的需要，并保证让他吃饱。

妈妈不可简单粗暴地通过抓手的方式来改掉宝宝吸吮手指的习惯。

不要忽视宝宝的生理需求

在宝宝因饥饿等原因而吮手指时，要及时喂奶或者给予喜欢的食物，不要以各种理由来忽视宝宝的生理需求。

儿科医生说 宝宝总吸吮手指怎么办

- 吸吮手指能促进大脑、手和眼的协调能力。如果偶然发生这种行为，或持续时间不长，则属于正常现象，随着月龄的增长会逐渐消失，父母不用过度担心。

- 对于已养成吮指习惯的宝宝，父母应耐心予以纠正，不能把小手绑起来，也不能用打骂、恐吓等办法来阻止，这样会严重影响到宝宝的身心健康和发展。

培养宝宝高情商

情商包括：能够识别自己的情绪；调节和管理好自己的情绪，以比较恰当的方式表达出来；能够顾及他人的感受和情绪，并做出恰当的回应等。高情商是一种习惯，爸爸妈妈从此时起就要注意培养宝宝的情商。

宝宝啼哭要给予回应

宝宝啼哭时要不要抱，妈妈应看一下宝宝为何啼哭。如果是因为害怕、恐惧，或是因为渴求安慰、拥抱，妈妈应当采用相应的办法给予回应。

宝宝啼哭时妈妈不予回应对宝宝的影响

宝宝啼哭就是在向妈妈传达自己的需求。如果妈妈对于宝宝的表达没有回应，久而久之，宝宝就不知道用什么方法来向外界传递自己的心情了。不回应次数多了，容易让宝宝出现自闭倾向。

宝宝啼哭时妈妈该怎样做

宝宝哭泣时，正确的做法是妈妈立即给予回应。不同的啼哭代表着不同的表达需求，妈妈要学会分辨，观察宝宝是渴了、饿了、大小便了，还是不舒服了，并做相应的处理。

帮宝宝建立安全感

2 岁前是宝宝和父母形成依恋的关键期，亲子依恋形成的目的就是让宝宝拥有适度的安全感。对于这么小的宝宝来说，安全感对宝宝的情绪及身心发展至关重要，宝宝有了安全感，才能吃得香，长得壮，探索欲、独立性才会有所提高。

父母应当鼓励和表扬宝宝

父母应当时刻关注宝宝的每一个行为，领会宝宝发出的每一个信号，鼓励他去探索和发现。

设置安全的环境

安全、舒适的起居和活动环境是宝宝获得安全感的基本条件，所以宝宝的房间要光线柔和，避免刺激眼睛；宝宝会翻身、会爬后，要防止他从床上跌落，产生恐惧心理；为宝宝选择安全、坚固、颜色柔和、形状可爱、易于操作的玩具。

给予温柔的声音

害怕响亮的声音是宝宝与生俱来的天性，因此，要用温柔的声音和语言同宝宝讲话；给宝宝播放柔和优美的音乐，这样有助于宝宝建立安全感。

父母温柔的声音以及陪伴可以帮助宝宝建立安全感。

陪宝宝一起玩

4~6 个月的宝宝好奇心非常强，动作协调能力的改善和视力范围的扩大使他试着去抓力所能及的任何东西，也使他出现更多的探索行为。宝宝能够区分不同的色彩，能表达自己的喜怒哀乐，爸爸妈妈要多陪宝宝玩游戏，有利于宝宝智商和情商发展。

选宝宝喜欢的可以玩的游戏

爸爸妈妈在和宝宝玩游戏时要考虑宝宝的发育阶段和能力，这一时期的宝宝可以做训练认知、语言的简单游戏。

4 种适合宝宝玩的游戏

1 妈妈可以教宝宝认识身边的物品，比如灯，妈妈手指着电灯，并按开关使灯一明一暗，同时说"灯"，使宝宝从注视妈妈口型转向注视灯光的变化，帮助宝宝认识日常物品，发展认知能力。

2 和宝宝对话，通过宝宝对声音的反应，使宝宝对声音产生兴趣。

3 拨浪鼓游戏，有助于抓握动作的精确、协调，增强视觉敏锐性。

4 宝宝平躺，握着宝宝的手一起跳舞，选首节奏感好的音乐，让宝宝四肢运动起来，这样通过运动刺激宝宝的感官发育和脑部发育。

游戏可以帮助宝宝开发智力，还能让宝宝快乐成长。

培养宝宝认知能力的游戏

训练目的：让宝宝粗浅地理解推动的意义与过程，借助外在的力量可以让物体移动或者是运动起来，这种认识是前所未有的，在他的头脑里会慢慢形成这一概念。

玩法：

1 桌子上放一个造型可爱的不倒翁。

2 妈妈把宝宝抱在怀里，让他坐在妈妈的腿上。妈妈先示范给宝宝推不倒翁的动作，边推边念儿歌："不倒翁，翁不倒，推一推，摇一摇，推呀推呀推不倒。"然后对宝宝说："宝宝来学不倒翁，妈妈来推你。"同时，妈妈握住宝宝的双手，轻轻向前推动。

3 反复数次，使宝宝理解推动的意义，并配合儿歌的节奏进行推动的动作。

不倒翁是个有意思的玩具，宝宝一定会喜欢。

玩玩具能提升宝宝的精细动作发育，但妈妈要注意，避免宝宝误啃。

训练宝宝精细动作能力的游戏

训练目的：锻炼宝宝双手的协调能力。

玩法：

1 选两个宝宝喜欢的玩具。

2 先把其中一个玩具交给宝宝，等宝宝拿在手里后，再将另一个玩具递给宝宝的同一只手，妈妈引导宝宝："再给宝宝一个玩具，可宝宝手里已经有一个了怎么办？让另一只手帮帮忙吧。"协助宝宝将手中玩具传给另一只手。

3 几次练习之后，宝宝自己就能很好地进行传手握物了。

妈妈提问医生答

开始长牙的宝宝，老爱咬乳头；宝宝会生病；何时给宝宝添加辅食……爸爸妈妈在照顾宝宝的时候，总是遇到诸如此类的问题。在不同阶段有不同的问题，关心则乱，宝宝一不舒服，父母就非常自责。别苦恼，多学习多积累，总能应付这些问题。

结合实际 | 究竟何时添加辅食、添加什么辅食，要结合宝宝自身的实际情况。不要照搬别人的经验，学会变通。

A 明确告诉宝宝不能咬妈妈 如果妈妈被咬了，可以将手指头插进乳头和宝宝的牙床之间，撤掉乳头，并且坚定地对宝宝说："不可以咬妈妈。"妈妈同时要注意观察，到底宝宝因为什么咬乳头。如果是长牙，就准备一些牙胶或磨牙棒，平时多给宝宝咬这些，也可以在喂奶之前先让宝宝把这些东西咬个够，以缓解宝宝牙床的不适感，同时也告诉宝宝：虽然不可以咬妈妈，但是可以咬这些东西。

宝宝咬奶头怎么办

4~6 个月宝宝身高体重参考

男宝宝的身高为 61~70.5 厘米，体重为 5.7~8.8 千克。
女宝宝的身高为 59.4~68.6 厘米，体重为 5.3~8.1 千克。

怎样发现宝宝生病了

A 细心留意宝宝的吃喝拉撒睡 宝宝生病早期是很难发现的，只有靠爸爸妈妈细心地观察来发现异常。如果宝宝的饮食、睡眠、大小便和精神突然发生变化，则应考虑他是否生病。宝宝生病了就爱哭，不论大人怎么哄逗效果都不明显。发现原因不明的哭闹情况应尽快就医。

第一次添加辅食该喂多少

A 第一次添加辅食以尝味道为主 这个阶段，爸爸妈妈可能开始第一次尝试给宝宝添加辅食，具体到第一次添加的量多少合适，爸爸妈妈可能一头雾水。第一次给宝宝喂辅食，可选择宝宝专用的小勺，一般 3 克左右。先从 1 勺开始喂，第一天尝试 1~2 次。

误以为异常的情况

不能一觉到天亮

大部分宝宝都不能一觉到天亮。睡眠规律决定人的整晚睡眠要在深、浅睡眠间进行几次转换，浅睡眠转换中人常常容易醒来，但不受打扰后，还会慢慢地睡去。

医学上对于宝宝睡整宿觉的定义是连续睡眠 5 个小时，而不是一觉到天亮。无论深睡眠还是浅睡眠，都会对宝宝的大脑发育提供帮助。

宝宝喜欢啃咬物品

当宝宝产生出牙不适感而喜欢啃咬东西时，爸爸妈妈要注意是否因为宝宝出牙引起的。一部分宝宝还会伴随着低热、流口水、烦躁、睡眠不安等现象。

在乳牙萌出的过程中，宝宝会感到不适，因此会有意识地啃咬物品、手指或奶头，妈妈可以准备一些专为出牙宝宝设计的磨牙饼干，让宝宝啃咬，以缓解不适。

第四章 7~9 个月

　　宝宝越来越可爱了，这一时期的宝宝大多会爬了。当妈妈呼唤宝宝时，宝宝会笑着爬过来和妈妈互动，想想就让人高兴！而且半岁后的宝宝能够吃越来越多的辅食了，妈妈每天花费心思做辅食，又要和宝宝"斗智斗勇"地喂食，生活都跟着丰富起来了！添加辅食后要注意给宝宝适当补充生长发育所需的营养元素，以提升这个阶段宝宝可能会下降的免疫力，减少宝宝生病，爸爸妈妈要无微不至地照顾宝宝。宝宝开始学习爬行，接触的范围多了，难免磕磕碰碰，爸爸妈妈要做好防护，不要一味阻止宝宝探索世界。

7~9 个月宝宝的五大能力

大运动 — ①

- 宝宝的四肢运动更加灵活，翻身动作已相当熟练，可以坐直了。虽然还不能独自站立，但两腿能够支撑大部分的体重。
- 可以自如地独自坐。
- 在大人扶着时能够站立起来。
- 会爬行，拉着双手会迈几步。

② — 精细运动

- 四肢越来越协调，手指变得灵活，能够用拇指、食指和中指捏起东西，并且能自如地松开手指，开始扔东西。
- 可以自己取一块积木，再取另一块。
- 拇指、食指能捏住小球。

语言交流能力 — ③

- 宝宝开始主动模仿大人的说话声，整天或几天一直重复某个音节，对声音特别敏感并尝试和大人说话。
- 发出 "baba" "mama" 的声音，但没有所指。
- 对简单的语言命令有反应。

④ — 认知能力

- 对什么都充满好奇，但注意力集中时间也短，很快就会从一个活动转移到下一个，喜欢摆弄各种玩具。
- 喜欢玩捉迷藏的游戏。
- 能找到藏起来的玩具。
- 通过摇晃、敲打等方式探索身边的事物。

社会适应能力 — ⑤

- 出现分离焦虑，特别依恋妈妈，害怕陌生人，能分辨出熟悉的人和陌生人。
- 会用不同的动作引起人们的注意。
- 懂得大人的面部表情。

喂养

7~9 个月的宝宝大都可以吃辅食了，但母乳和配方奶仍是宝宝的主要营养来源。添加辅食时爸爸妈妈要遵循一定的原则和顺序，从流质辅食向固体食物过渡。

宝宝饮食依然以母乳和配方奶为主

宝宝消化吸收能力仍然不稳定，还是要以母乳和配方奶类为其主要的营养来源。

母乳充足要继续坚持哺乳

如果这个月龄段母乳分泌仍然很好，妈妈还不时感到胀奶，甚至向外溢奶，是非常好的事情。除了添加一些辅食外，没有必要减少宝宝吃母乳的次数，只要宝宝想吃，就给宝宝吃，不要为了给宝宝添加辅食而把母乳浪费掉。

添加辅食也不要减少哺乳：妈妈也不要因为已经开始添加辅食，就过分减少喂母乳。如果妈妈还没有上班的话，应当坚持多喂母乳；如果妈妈上班了，仍要安排时间给孩子喂奶，以免乳汁分泌过度减少，影响孩子的营养。

对宝宝有利而无弊：坚持哺喂母乳，对宝宝的进一步良好发育有利，因为宝宝对母乳营养的适应性目前依然优于其他食物。

逐渐停止夜间哺喂：有的宝宝晚间易醒，醒了就要吃奶，妈妈可以在临睡前让宝宝

即使添加了辅食，宝宝也依然需要母乳的滋养。

再吃一次奶，这样一来宝宝往往可以坚持到清晨。如果一时未调整过来，夜间喂奶最好还是喂母乳。

儿科医生说 不宜过早给婴儿喝鲜牛奶

- 小宝宝胃肠道发育不成熟，喝鲜奶时容易导致牛奶蛋白过敏，而且会增加肾脏的负担。鲜牛奶中营养成分的比例不适合小宝宝，容易导致营养不均衡。

- 母乳不足的情况下，应该选择婴幼儿配方奶粉。因为配方奶粉调整了蛋白质和脂肪、钙、磷的比例，又添加了一些维生素、微量元素等婴幼儿生长发育必需的成分，克服了鲜牛奶的缺点，对宝宝更健康。

尝试更多的辅食品种

　　这个阶段的宝宝不能单纯地以母乳喂养了，必须添加辅食。添加辅食的主要目的是给宝宝提供更多的能量，补充钙、铁以及其他矿物质，并帮助宝宝建立合理的饮食结构。

宝宝辅食的可选择范围扩大了

蛋黄：8 个月的宝宝可以慢慢适应蛋黄，此时最好是添加 1/8 的蛋黄量，待宝宝完全适应后，再根据情况来增加添加的蛋黄量。

新鲜的蔬菜和水果：宝宝满 7 个月后，应在辅食中添加更多品种的新鲜蔬菜和水果，以补充充足的维生素。

肉类：添加肉类没有特别要求先添加哪种肉类，可根据当地食物特点来添加。如沿海地区可首选鱼、虾等，内陆地区首选牛肉、猪肝等。

宝宝的辅食不宜加工得太精细

　　妈妈总担心宝宝消化不好，所以在给宝宝做辅食时追求尽可能的精细，其实，加工得太细没有必要。7~9 个月的宝宝开始出牙，可以添加一些颗粒状的食物，如软烂的谷类，配上肝泥及碎菜、胡萝卜泥，可以锻炼宝宝的咀嚼能力。

辅食添加常见问题

随着添加辅食品种的增多，问题也随着增多了，看看都有哪些问题是新手爸妈会遇到的呢？

吃蛋黄后吐了：宝宝满 8 个月时添加蛋黄比较合适，而脾胃弱、消化差、有过敏史的宝宝要满 10 个月后再吃蛋黄。宝宝出现呕吐、腹泻、红疹等过敏症状，需停止喂食蛋黄至少 3 个月，并及时就医。鸡蛋煮熟后，不建议把蛋黄直接喂给宝宝，可将蛋黄用温开水搅拌一下，调成均匀的蛋黄泥。

大便中会出现很多食物颗粒：出现这种情况的话，说明食物的性状不太适合宝宝。一方面是因为宝宝的肠胃功能尚不完善，还不足以将其完全消化；另一方面，宝宝的咀嚼能力欠佳，没有将食物充分研磨。

不爱吃辅食：一些妈妈认为宝宝喜欢吃某种食物，就总是给他吃，宝宝却吃得越来越少，妈妈就误认为宝宝不爱吃辅食。

儿科医生说 辅食添加原则

■ 宝宝吃辅食时，要有一个慢慢适应的过程，否则容易出现消化不良、腹泻、过敏等一系列症状。

■ 从少量到多量，如蛋黄先从 1/8 个开始，再到 1/4 个，最后到 1/2 个，逐步增加添加量。开始添加的食物可以每天吃 1 次，再增加到每天吃 2 次，这样逐渐增加吃的次数。

辅食添加原则示意图

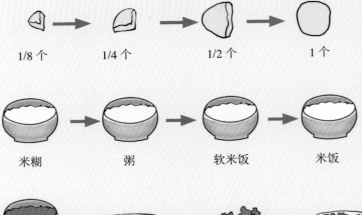

| 1/8 个 | 1/4 个 | 1/2 个 | 1 个 |

| 米糊 | 粥 | 软米饭 | 米饭 |

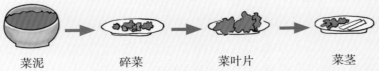

| 菜泥 | 碎菜 | 菜叶片 | 菜茎 |

辅食补充长牙期的营养

为了保证长牙期有足够的营养，除了已经添加的米糊、菜泥、果泥外，还可以给宝宝添加含蛋白质的豆类、鱼肉类等食物，尝试新辅食时建议每次只添加一种。

辅食推荐

土豆苹果糊

原料：土豆 20 克，苹果 1 个，鸡汤适量。

做法：①土豆和苹果去皮，洗净切块，土豆蒸熟捣泥，苹果用搅拌机打成泥状。②将苹果糊倒在土豆泥上，加入鸡汤拌匀。

西红柿猪肝泥

原料：猪肝、面粉各 50 克，西红柿 1 个。

做法：①猪肝洗净，浸泡后煮熟，切成碎粒。②西红柿洗净，放在水中煮软，捞起后去皮，压成泥状，加入猪肝粒、面粉蒸熟。

阳光翠绿粥

原料：菠菜 40 克，鸡蛋黄适量，米粥 100 克。

做法：①菠菜洗净切小段，加少量水煮熟，再压成泥状。②取熟蛋黄适量，压成泥。③将菠菜泥与蛋黄泥拌入煮好的粥即可。

蛋黄鱼泥羹

原料：鱼肉 30 克，鸡蛋黄 1/8 个。

做法：①取 1/8 个熟蛋黄，用勺子压成泥。②将蒸熟的鱼肉去皮和刺放碗中，压成泥状。③鱼肉泥中加入温开水，将熟蛋黄泥拌入即可。

护理

这一阶段的宝宝已经学会翻身、爬行，有的宝宝也可以扶着床边走了，所以日常看护要小心，以防宝宝磕着、碰着。为保证安全，家人要让宝宝远离危险物品。

日常护理

这时的宝宝会的本领多了，爸爸妈妈要时刻盯着小宝宝，不要让宝宝单独待在一个空间。

教宝宝学爬行

宝宝自由地利用手膝爬行可不是一蹴而就的事情，需要爸爸妈妈掌握一定的技巧和方法，帮助宝宝进行练习，这样才会让宝宝爬出健康、爬出智慧来。

摆好姿势：训练爬行时，先让宝宝趴下，成俯卧位，把头抬起，用手把身体撑起来。妈妈在前面鼓励宝宝向前爬，爸爸则轻轻推动宝宝的双脚。爸爸妈妈要注意配合，拉左手的时候推右脚，拉右手的时候推左脚，让宝宝的四肢被动协调起来。

用玩具吸引宝宝：在训练宝宝爬行时，也可在他面前放些会动、有趣的玩具，如不倒翁、会唱歌的娃娃、电动汽车等，以提高宝宝的兴趣，启发引逗宝宝爬行。

帮助宝宝体会爬的感觉：如果宝宝俯卧时只会把头仰起，上肢的力量不能把自己的身体撑起来，胸和腰部不能抬高，腹部不能离床，父母可以用围巾将宝宝的胸部、腹部兜住，然后慢慢提起围巾，像拎着一只小螃蟹一样，使宝宝胸部、腹部离开床面，全身重量落在手和膝上。

家长要创造条件让孩子爬

爬这个动作是非常容易跳过的，因为它并不是一个常规动作。比如坐、站等动作每天都会用到，但爬不特意去做就用不到，所以需要大人的引导。很多宝宝不会爬，并不是运动发展的问题，而是大人没有给他们提供合适的环境。

儿科医生说 不要跳过爬行，直接学走路

婴儿的成长有自身的规律，7~9 个月正是学习爬行的好时机，学习爬行对以后的身体发育也有很多好处。在爬行的时候，宝宝需要全身肌肉的协调，能得到全身肌肉的锻炼以及手眼协调能力、平衡能力的锻炼和空间认知感的锻炼等。所以，爬行对宝宝发育有重要作用，不能跳过爬，急于学走路。

不要过早学走路

宝宝的双腿刚刚能在扶持下稳稳地站起来，有些心急的妈妈就开始让宝宝学习走路了。但超出宝宝自然规律的过早练习，可能会给宝宝造成难以逆转的伤害。宝宝一般在 1 岁左右进入行走的敏感期，这是生长发育最适合开始走路的时段。如果在宝宝六七个月时就强迫他练习走路，很容易形成 O 形腿或 X 形腿。

别着急给宝宝穿鞋

一旦宝宝能开始自己站立，并四处活动，妈妈可能会考虑是不是应该给他穿鞋了。多数儿科医生和儿童发育专家认为，直到宝宝经常在户外走动之前，没有必要给他穿鞋。因为宝宝的脚骨还在发育中，如果鞋子不合适容易使脚部变形，而且宝宝光脚能够促进神经发育。如果担心宝宝着凉，夏天可以给宝宝穿一双薄袜；冬天可以给宝宝穿双厚点的棉袜。

不要把宝宝"丢"给学步车

学步车对于宝宝有害无益。宝宝能够独立地坐好需要平衡能力、肌肉力量和控制能力的相互配合，学步车只是让宝宝直接坐，而这种坐姿对他的平衡能力和肌肉的发育没有任何好处。

学步车的危害

1 会使宝宝脚后跟跟腱变短。

2 不利于宝宝爬行和走路时肢体的力量及协调的配合。

3 学步车会阻碍宝宝大运动的发展，对宝宝学习爬行和走路形成障碍。

4 宝宝的平衡、协调及控制能力发展尚不完善，移动学步车时很容易摔倒，从而导致各种伤害，例如摔伤、撞伤，严重的甚至骨折。

宝宝学步的时候，爸爸妈妈要时刻在旁守护他。

教宝宝自己吃饭

现在宝宝有了很强的独立意识，总想不依靠妈妈的帮助，自己摆弄餐具吃饭。这是宝宝独立的开端，爸爸妈妈千万不要错过这个训练宝宝自己吃饭的大好时机。

宝宝饭前要洗手：每次吃饭前，要把宝宝的小手洗干净，让宝宝坐在专门的餐椅上，并给宝宝戴上围嘴。可准备两套小碗和小勺，一套宝宝自己拿着，一套妈妈拿着，边教边喂。

鼓励宝宝自己动手：9 个月的宝宝总想自己动手，妈妈不能因为怕他"捣乱"而剥夺了他的权利，可以用一个小碟盛上适合他吃的各种饭菜，让他尽情地用手或用勺喂自己，即使吃得一塌糊涂也无所谓。

帮助宝宝更好地吃饭：妈妈要充分鼓励和提供便利条件，如形成规律的进餐时间，准备专门的餐具、围嘴、小饭桌，在宝宝需要协助时给予帮助，保证就餐安全和饭后清理。多带宝宝做五指抓、二指捏、三指拿的练习，使宝宝的小手更灵活、准确和协调，为以后宝宝能自己吃饭做准备。不要因为宝宝做不好而制止他自己吃饭。

爸爸妈妈应适当减少喂食，让宝宝学着自己吃。

远离可能会噎到宝宝的食品

不要为宝宝提供不安全食品，如果冻、整个坚果、大块的芹菜或生胡萝卜、整粒葡萄等。

儿科医生说 怎么教宝宝学会咀嚼

让宝宝练习咀嚼，可以促进他的乳牙萌出。可是一开始宝宝只会吞咽，那如何才能让宝宝学会咀嚼呢？

- 妈妈们不用着急，只要做好导师，亲自为宝宝示范如何咀嚼食物，宝宝会模仿你的动作，几次下来，宝宝就学会咀嚼了。
- 方法：在宝宝拿着固体食物放入口中的同时，妈妈自己也将食物放到嘴里，做出夸张的咀嚼动作，宝宝看到了妈妈的样子，自然会去模仿。

适当引导宝宝使用杯子喝水

宝宝自己用杯子喝水，可以训练其手部肌肉，发展其手眼协调能力。但是，这个阶段的宝宝大多不愿意使用杯子，因为以前一直使用奶瓶，所以会抗拒用杯子喝奶、喝水。即使这样，爸爸妈妈仍然要适当地引导宝宝使用杯子。

先让宝宝熟悉杯子： 可以让宝宝拿着杯子玩一会儿，待宝宝对杯子熟悉后，再放上奶、果汁或者水，将杯子放到宝宝的嘴唇边，然后倾斜杯子，将杯口轻轻放在宝宝的下嘴唇上，并让杯子里的奶或者水刚好能触到宝宝的嘴唇。

颜色鲜艳的杯子更容易被宝宝接受。

选择颜色好看不怕摔的杯子： 爸爸妈妈要首先给宝宝准备一个不易摔碎的杯子，杯子的颜色要好看、形状要可爱，且便于宝宝拿握。

鼓励支持宝宝用杯子： 如果宝宝愿意自己拿着杯子喝，就在杯子里放少量的水，让宝宝两手端着杯子，爸爸妈妈帮助他往嘴里送。要注意让宝宝一口一口慢慢地喝，喝完再添，千万不能一次给宝宝杯里放过多的水，避免呛着宝宝。如果宝宝对使用杯子显示出强烈的抗拒，爸爸妈妈就不要继续训练宝宝使用杯子了。如果宝宝顺利喝下了杯子里的水，爸爸妈妈要表示鼓励、赞许。

教宝宝正确漱口

漱口能够清理口腔中部分食物残渣，是保持口腔清洁的简便易行的方法之一。学会漱口还可以为学刷牙打下良好的基础。

教宝宝将水含在口内、闭口，然后鼓动两腮，使漱口水与牙齿、牙龈及口腔黏膜表面充分接触，利用水力反复来回冲洗口腔内各个部位，使牙齿表面、牙缝和牙龈等处的食物碎屑得以清除。爸爸妈妈可以先做给宝宝看，让宝宝边学边漱，逐步掌握、提高，慢慢养成饭后漱口的习惯。用淡盐水漱口，有助于口腔清洁。

生病时的护理

- 小儿止咳糖浆大多含有盐酸麻黄素、桔梗流浸膏、氯化铵、苯巴比妥等药物成分，服用过多都会有副作用。尤其盐酸麻黄素服用过多，宝宝会出现头昏、呕吐、心率增快、血压上升、烦躁不安甚至休克等中毒反应。

- 有的爸爸妈妈给宝宝服用止咳糖浆，经常采用一种不行再换一种或两种药物合用的方法，结果适得其反，病情越来越重。

- 宝宝咳嗽时，爸爸妈妈不必过分着急，轻微咳嗽时可让宝宝多喝水，饮食要清淡。咳嗽长时间不愈就要及时就医。

别自己给宝宝开药

- 宝宝用药需要专业医生做特别考量。

- 不要用成人药品直接喂，毕竟宝宝不是缩小版的成人。

给宝宝喂药

半岁以后，有的宝宝开始停止母乳喂养，接触外界的人、事物增加，出现各种"小问题"的概率也增加了，难免会有一些小病小痛，家里准备一些常用药，可以解爸爸妈妈的燃眉之急。而且一些小磕碰导致的小外伤，只要少用一些药，再多加护理就可恢复，也免去了到医院挂号排队的麻烦。给宝宝喂药也有许多要注意的地方，千万不可大意。

怎样给宝宝喂药

"良药苦口"，爸爸妈妈第一次给宝宝喂药时，常常手忙脚乱，束手无策。到底该怎样给宝宝喂药呢？

1 按医嘱，将药片或药水放于勺内，用温开水调匀。

2 喂药时将宝宝抱于怀中，托起头部成半卧位。

3 用左手拇指、食指轻捏宝宝双侧颊部，迫使宝宝张嘴。

4 用小勺将药物慢慢倒入宝宝嘴里。

儿科医生说 给宝宝用药的注意事项

- 选儿童专用的药：不能把成人的药减小剂量给宝宝吃。

- 功能不同的药不同时服用：用药品种不宜过多。

- 用药剂量要严格：用药剂量严格按照说明书指导用药。

- 注意喂药方法：不能强行灌宝宝吃药，以免宝宝挣扎呛入气管。

- 服用营养药：不盲目服用多种维生素类的药物，需要服用时应咨询医生。

给宝宝准备一个小药箱

对有宝宝的家庭而言，宝宝的健康是第一要事。如果为宝宝准备一只小药箱，并配备一些药物和温度计等，就可以应急，以防万一。

小药箱必备的物品

温度计：家中可以常备一两支，感觉宝宝体温异常时就量一量。

绷带：宝宝会爬后难免磕着碰着出血了，这时绷带就派上用场了。

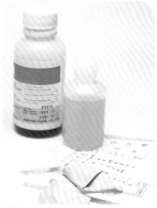

药物：家里常备一些退热药、碘酒等，以备不时之需。

消毒棉：新生儿脐带护理，或宝宝破皮受伤都需要用消毒棉。

选好药，才能让宝宝配合吃药

- **糖浆剂**：糖浆剂中的糖和芳香剂能掩盖一些药物的苦、咸等不适味道，一般易于被宝宝接受，比如布洛芬混悬液、止咳糖浆等。要注意糖浆剂打开后不宜久存，以防变质。

- **冲剂**：冲剂是药物与适宜的辅料制成的干燥颗粒状制剂。一般常加入调味剂，如退热冲剂等，可调整口感，让宝宝更易接受。

睡眠

随着宝宝的长大，宝宝的睡眠变得有规律了，晚上醒的次数少了，可以睡长觉。爸爸妈妈要注意培养宝宝睡眠的好习惯。

建立良好的睡眠习惯

睡眠好的宝宝，夜间已经可以睡长觉了。如果宝宝夜间偶尔醒来，妈妈不要跟宝宝玩，以免影响宝宝睡眠。

培养宝宝安睡一整夜

事实上，宝宝到底能不能睡上一整夜，取决于他有没有养成良好的睡眠习惯和睡眠规律，爸爸妈妈要学会让宝宝安睡一整夜的方法。

尊重宝宝自身的"生物钟"：宝宝的身体本身就有自己的规律性，知道何时睡觉何时醒来，这就是"生物钟"。了解宝宝自身的规律并根据具体的季节变化，安排适合宝宝的作息时间。

吃饱了再睡觉：不要让宝宝在睡眠中感到饥饿，睡前半小时应让宝宝吃饱，可在晚餐时吃一些食物，如米糊、米粥等。但也不要过饱，否则同样会影响宝宝睡眠质量。

熟悉自己的床：妈妈在宝宝完全入睡前就应该把他放到床上，这样宝宝入睡前的最后回忆是睡觉的床，而不是妈妈的怀抱或奶瓶。

睡前半小时让宝宝吃饱，以免因饥饿而醒来影响睡眠。

儿科医生说 让宝宝安睡，睡前别太兴奋

■ 睡前宝宝不能过于兴奋，不要玩新玩具。

■ 在宝宝入睡前半小时，应让宝宝安静下来，不要过分逗弄宝宝。

■ 睡前不看刺激性的电视节目，不给宝宝讲紧张的睡前故事。

■ 建议在宝宝睡前，先将室内的光线调得暗些，让宝宝知道现在是睡觉的时间了，还可以放点轻柔的音乐。

■ 在宝宝睡着以前，不要发出太响的声音，否则宝宝很容易醒，其实，这是宝宝对外界反应的一种自我保护。

宝宝睡得好才更健康

这一阶段要培养宝宝良好的睡眠习惯。良好的睡眠有明显的益智作用，能够促进宝宝的生长发育，帮助宝宝存储能量。

宝宝不好好睡觉的原因

宝宝缺钙：缺钙、血钙降低，导致宝宝夜醒、睡不安稳。爸爸妈妈可以给宝宝补充维生素 D，适当接受早上或傍晚的阳光照射，有利于钙磷吸收代谢。

宝宝腹胀：睡前吃得过饱，吃了难以消化的食物，或喝奶后没有打嗝排气，宝宝极有可能因腹胀而醒过来。多给宝宝做腹部按摩，消除宝宝积食可解决这一问题。

出牙或身体不适：宝宝出牙期间，牙龈会有一些疼痛和痒痒，宝宝往往会有睡不安稳的现象。宝宝生病了，睡眠也会不安稳，爸爸妈妈要注意分析是什么原因导致的。

大脑神经发育不成熟：宝宝的大脑神经系统尚处于发育阶段，还不成熟，不能自己建立规律的作息。

宝宝不好好睡这样办

面对种种睡眠问题，爸爸妈妈要进行正确的引导，让宝宝睡个好觉。

1 对睡觉不安稳的宝宝，爸爸妈妈可轻拍宝宝的背，让宝宝入睡，尽量避免摇晃宝宝。

2 对不愿入睡而哭泣的宝宝，爸妈可以坐在他的床边，握着他的小手，直到他入睡。

3 对大半夜还要妈妈陪着玩的宝宝，需要妈妈进行调整，采取的调整办法也要注意让宝宝慢慢适应，逐渐让宝宝养成良好的睡眠习惯。

建立睡前"程序"

睡前程序可以包括以下内容：给宝宝洗个澡、换新尿布准备睡觉、给宝宝读一两篇睡前故事、唱一支摇篮曲、亲吻宝宝道晚安。任何适合你家庭情况的睡前程序都可以。

睡前妈妈给宝宝一个吻，让宝宝在甜蜜温馨的环境中入睡。

排除影响睡眠的因素

育儿误区 怕宝宝冷，盖得太厚

- 盖得太厚，宝宝觉得热会踢被子，反而容易感冒着凉。

- 冬天，宝宝睡觉时穿上棉质的睡衣，将宝宝放进宽松的睡袋，这样宝宝不会被拘束，也减少了妈妈半夜起来盖被子的烦恼。

- 给宝宝盖一床轻薄的被子，不热又不会重，让宝宝感到舒适，也不会蹬被子。

给宝宝盖的被子不宜太厚

如果宝宝在夜间睡着之后总是踢被子，爸爸妈妈应该注意不要给宝宝盖得太多、太厚，特别是在宝宝刚入睡时，更要少盖一点，等到夜里冷了再加盖。稍微盖薄一点，宝宝不会冻坏，盖得太厚，宝宝感觉燥热，踢掉了被子，反而容易着凉感冒。

为什么宝宝睡觉时出汗

- 除了被子盖厚了，会引起宝宝出汗外，多汗还分生理性和病理性。

- 病理性多汗比较复杂，一般是多种疾病共同作用的结果。

宝宝睡觉时不宜做的事

1 不宜含着乳头或奶嘴睡：含着乳头或奶嘴睡会影响宝宝牙床的正常发育及口腔清洁卫生；过于频繁的进食习惯，容易使胃肠功能紊乱。

2 环境不宜过分安静：宝宝一般在三四个月时就开始自觉地培养"抗干扰"的调节能力了，自然的"家庭噪音"更利于宝宝安然入睡。

3 白天不宜睡得过久：白天睡得多自然影响晚上的睡眠，因此要控制宝宝白天睡眠时间。

4 不宜在睡前过分关照：让宝宝逐渐形成以自然入睡的形式自己进入睡眠状态，不要让宝宝习惯于将自己的入睡与亲人的关照紧紧联系在一起。

5 不宜亮灯睡：如果夜间睡眠环境如同白昼，宝宝的生物钟就会被打乱，不但睡眠时间缩短，生长激素分泌也会受到干扰，导致宝宝个子长不高或体重不达标。

儿科医生说
宝宝睡眠不足的危害

影响发育：根据不同月龄的睡眠特点，保证宝宝充足的睡眠时间利于各方面的发育。

导致肥胖：睡眠不足容易影响内分泌水平，导致肥胖。

性格暴躁：睡眠不足会引发精神上的烦躁、焦虑不安、情绪不稳等问题。

气色差：婴幼儿时期本应该是红光满面、朝气蓬勃的状态，但是睡眠不足会让好的气色远离宝宝。

免疫力低：睡眠多寡直接与免疫力、抵抗力有关，睡眠减少将会使免疫细胞的功能降低，由此会导致疾病发生。

让宝宝睡得更舒服

给宝宝干净温馨的睡眠环境

要想宝宝睡得好，就需要父母用心照顾宝宝，给宝宝创造一个好的环境是必不可少的。

1. 给宝宝挑选柔软透气、高度适中的枕头。

2. 小床不要离爸爸妈妈太远，安上护栏更安全。

3. 宝宝的床上不要有玩具，以免睡前宝宝越玩越精神。

4. 不要给宝宝盖太厚的被子，以免晚上出汗不舒服。

育儿误区 宝宝睡觉时，家人需要蹑手蹑脚的

■ 不要因为宝宝一睡觉就勒令全家人不能发出任何响声，走路都要蹑手蹑脚的，生怕惊醒了他。

■ 其实在宝宝睡觉时，还是要保持正常的生活声音，只要适当减小声音就行。

■ 如果养成了必须非常静才能入睡的习惯，反而会让宝宝睡不踏实，一有响动就会惊醒，家人也做不成任何事。

宝宝的其他寝具准备要点

■ 床垫：婴儿床以木板床和较硬的床为宜，建议不要使用 5 厘米以上厚度的海绵垫。

■ 被褥：宝宝的被褥一定要蓬松，透气性好，不要太厚。

■ 毛巾被、被罩：宝宝的贴身被罩、毛巾被要选纯棉制品，这样盖在身上也很舒服。

疾病与不适

7~9 个月的宝宝已经会爬了，活动范围更广，一定要注意家庭生活环境的清洁，以免宝宝感染病菌，出现疾病。同时做好防护，以免宝宝在活动时意外受伤。

肠套叠

肠套叠是因为肠管与肠系膜套入相邻的肠管中，受到压迫而产生水肿和瘀血，从而使肠管阻塞。通常见于 6~10 个月的宝宝，也有一两岁发病的宝宝。可能与宝宝添加辅食引起的肠蠕动有关，至于确切原因现在还无定论。

症状：肠套叠主要症状是宝宝突然地阵发性大哭，反复哭闹，腹胀、摸肚子会疼痛难忍。另外，也可能会有呕吐和果酱样血便等症状。如果怀疑是肠套叠，最好不要给宝宝喂食，并且马上去医院挂急诊，绝对不能耽误治疗。

家庭护理：治愈后，在家里无须特别护理，但如果出现异常情况，还是要马上送医院，因为肠套叠有复发的可能。在送宝宝去医院的途中，如有呕吐，应将宝宝的头转向一侧，让其吐出，以免吸入呼吸道引起窒息。

不擅自用药：在明确病因之前，切勿用止疼药，以免掩盖症状，影响医生的诊断，贻误病情。

儿科医生说 引起肠套叠的原因

- 添加了不易消化的辅食：如果在这时给宝宝添加了一些不易消化的辅食，就很容易对宝宝的肠道功能造成影响，从而引起宝宝出现胃肠功能紊乱引起肠套叠。

- 宝宝自身的生理特点：宝宝的回肠和盲肠的肠瓣较肥厚，加之蠕动强，所以，这时当炎症或者食物刺激时，就容易造成肠管的牵拉及肠瓣的移动，导致肠套叠出现。

- 其他原因：如病毒感染、遗传、胃肠神经功能失调等。

怎样照顾患过肠套叠的宝宝

平时宝宝要注意饮食，要以少吃多餐为主。如宝宝腹痛要及时送医院，对症治疗。

秋季腹泻

秋季腹泻主要是由轮状病毒所引起的急性肠炎，属于病毒性腹泻，以 2 岁以下宝宝居多。开始多有发热、咳嗽、流涕等上呼吸道感染症状，大便呈水样或蛋花汤样，为白色或浅黄色，常有黏液，无腥臭味。由于这种腹泻为病毒感染，需要对症处理，可口服补液盐 Ⅲ，以防脱水。病程一般 4~7 天，长的可达 3 周。

预防及护理

1 坚持母乳喂养。母乳中的免疫性物质可以抵御病原微生物的入侵，使宝宝不易发生腹泻及消化道疾病等。

2 注意宝宝食物及餐具的清洁卫生，餐具最好每天煮沸消毒一次，每次喂食前还应用开水烫洗。

3 注意家庭中桌面、地面、宝宝玩具、用具的消毒。

4 接种轮状病毒疫苗是理想而经济有效的预防方法，保护率在 90% 以上。

5 及时补充水分，注意观察尿次及尿量，尿量明显减少时应及时就医。

6 气候变化时避免过热或受凉，居室要通风，还要让宝宝多锻炼身体，增强抵抗力，并远离有急性腹泻的患儿。

扁桃体炎

扁桃体炎是由细菌或病毒感染引起的，多发生于 7 岁以下的宝宝。主要症状是吞咽困难，因为咽部疼痛也会发生咳嗽或呕吐，病重时会有惊厥，其颈部及颌下的淋巴结肿大，可以摸到硬块，一触就痛。如果有发热的症状，且肿痛得无法进食，则需要立即就医治疗。

扁桃体炎的家庭护理

- 房间温度和湿度要适宜，不要太热和过于干燥。
- 每天坚持多喝水，多吃富含维生素 C 的水果。
- 平时注意饮食清淡营养，不给宝宝吃生冷辛辣的食物。
- 每日开窗通风，使用加湿器。

宝宝生病时，要注意给宝宝补充水分，加快新陈代谢，促进身体早日康复。

热性惊厥

热性惊厥的症状：体温超过 38℃ 伴有抽搐，通常发生在体温上升期；在体温骤升之时，突然出现短暂的全身性惊厥发作，伴有意识丧失；热性惊厥表现为抽搐 <15 分钟（大多数 <5 分钟），24 小时内发作 1 次。

宝宝发生高热惊厥时，要及时去医院就诊。

宝宝高热时，要积极退热

- 宝宝体温在 38.5℃ 以下时，可采用"适当多喝水，饮食清淡，活动适度"的方式护理。

- 体温如在 38.5℃ 以上且宝宝精神状态不佳时需药物退热，常见的婴儿退烧药有布洛芬和对乙酰氨基酚这两种，是相对比较安全有效的退烧药。

热性惊厥的家庭急救措施

1 不要在宝宝正抽搐时抱起宝宝，等宝宝自行恢复后再抱起宝宝查看情况。

2 将宝宝头偏向一侧，以免痰液吸入气管引起窒息。

3 宝宝抽搐时，不能喂水、进食，以免误入气管发生窒息，侧躺并保持呼吸道畅通。

4 家庭处理同时去就近医院救治，在注射镇静剂、打完退烧针后，一般抽搐能停止，切忌跑去距离远的大医院而延误治疗时机。

儿科医生说
如何预防热性惊厥的发生

增强抵抗力：平时注重惊厥患儿体质的调理，减少炎症引发高热的机会。

合理膳食：荤素搭配，粗细兼吃，纠正宝宝的偏食、厌食习惯，避免积食。

预防感冒：注意根据天气变化增减衣物，尽量不要到公共场所去。

家中常备相关药物：有过惊厥史的婴儿，家中应常备防抽搐的药。

远离吸烟环境：不在室内吸烟的环境中停留，保持空气流通。

幼儿急疹

幼儿急疹又称玫瑰疹，是婴幼儿时期常见的急性发热出疹性疾病。常发于春秋两季，6 个月到 1 岁的宝宝最为多见。

幼儿急疹的症状

幼儿急疹大多起病很急，患儿突然高热达 39℃ 以上，但精神状态良好，高热持续 3~5 天，体温自然骤降，其他症状随体温下降而好转。在开始退热或体温下降后宝宝出现皮疹，皮疹最先见于颈部和躯干部位，很快波及全身，以中心多周边少的向心性皮疹为主要特点，经过 1~2 天就可以完全消退。

幼儿急疹的护理

1 宝宝体温升高，超过 37.5℃ 的时候，可以适当给宝宝增加液体摄入（牛奶、水都可以），不要急着吃退热药；超过 38.5℃ 的时候，如果宝宝有不舒服的表现（哭闹、烦躁）且精神状态差，可以考虑使用退热药。

2 多喝白开水，以补充水分，增加体液量能够促进排汗。

3 以流质和半流质的食物为主，食物应富含热量和适量蛋白质，忌食生冷油腻的食物。

4 经常用温水擦洗身体，保持皮肤的清洁。

5 宝宝生病时，要让他适当休息，尽量少去户外活动，注意隔离，避免交叉感染。发热时，要多喝水，吃容易消化的食物，适当补充 B 族维生素和维生素 C 等。

6 宝宝穿的衣服、盖的被子不要太多、太厚，保持室内空气流通，注意温度和湿度适宜，避免过冷或过热。

7 当宝宝高热不退，精神差，出现惊厥、频繁呕吐、脱水等症状时，要及时带他到医院就诊，以免出现其他并发症状。

宝宝的健康成长离不开父母的用心呵护，生病时需要更多关爱。

培养宝宝好习惯、高情商

7~9 个月宝宝的精细动作和认知能力越来越强，已经能自己动手做很多事了，也可以看懂爸爸妈妈的面部表情了，同时逐渐形成自己的个性，爸爸妈妈要进行正向引导。

培养良好的吃饭习惯从这时开始

从宝宝的"吃相"，可以看到他背后的家庭文化，以及长大后个人的修养品位，所以爸爸妈妈要特别注意宝宝餐桌上的行为。

帮宝宝养成良好的吃饭习惯

使用固定的饭桌： 宝宝能够独自坐稳后，就可以让宝宝坐在有靠背支撑的地方喂饭，也可用宝宝专用的前面有托盘的椅子。总而言之，每次喂饭靠、坐的地方要固定，让宝宝明白，坐在这个地方就是为了吃饭。

良好的吃饭习惯不仅有助于宝宝健康成长，还能让宝宝受益终身。

鼓励宝宝自己动手： 宝宝总想自己动手，因此可以手把手地训练宝宝自己吃饭。爸爸妈妈要与宝宝共持勺，先让宝宝拿着勺，然后爸爸妈妈帮助把饭放在勺子上，让宝宝自己把饭送入口中，但更多的是由爸爸妈妈帮助把饭喂入宝宝口中。

吃饭时间不宜过长： 每顿饭不应花太多时间，因为宝宝在饿的时候胃口特别好，比较容易让他专注于吃饭，有助于养成良好的吃饭习惯，避免边玩边吃、挑食的坏习惯。

给宝宝选个喜欢的勺子： 颜色鲜艳好看的勺子会吸引宝宝的注意，让宝宝喜欢并主动拿起勺子，这时可以鼓励宝宝自己吃饭。

从现在起，培养宝宝自己吃饭

现在宝宝有了很强的独立意识，总想不依靠妈妈的帮助，自己摆弄餐具吃饭。这是宝宝独立的开端，爸爸妈妈千万不要放过这个训练宝宝自己吃饭的大好时机，尽可大胆放手，鼓励宝宝自己吃饭。

儿科医生说 不适合宝宝吃的食物

- 质地坚硬的食物：如整颗的花生、榛子等坚果类及爆米花等，不要喂给宝宝。
- 蜂蜜：很有可能含有肉毒杆菌芽孢，1 岁以内的宝宝不要吃。
- 盐和其他口味较重的调味料：口味较重的调味料，容易加重宝宝的肾脏负担。

细数宝宝吃饭时的小毛病

袖子当手帕： 为了避免宝宝养成这种坏毛病，每次吃饭的时候，妈妈要特别为他准备一张纸巾来擦嘴，或者专门用一块小方巾当成餐巾方便宝宝使用，很快宝宝就能改正啦！

时不时地玩起食物： 为了让宝宝爱上吃饭，在他很小的时候很多事情都是被允许的，如玩弄食物，可一旦宝宝能自己吃饭以后，这些小毛病要及时制止。如果宝宝丝毫不改，那就先让他到一旁玩个够吧，万一错过了吃饭时间，他只有饿着肚子了。

吃到一半吐出来： 如果宝宝吃到不爱吃的食物，或他认为有奇怪味道的食物，会把放到嘴里的食物吐出来。此时妈妈要教育宝宝，如果能吃下去就吃掉，不能浪费。如果难以下咽的话，要转过身吐到垃圾桶里。

掌握给宝宝喂饭的窍门

这个时候应该给宝宝准备必要的座椅和餐具了，最好给宝宝用专门的儿童座椅，座椅要与饭桌同高，宝宝能看到桌上的饭菜，能看着大家吃饭。餐具最好是安全、无毒、无刺激的，勺子主要是充当玩具的作用，防止他的小手到餐桌上乱抓一气，但不要给他筷子之类的细长硬物，以确保安全。宝宝的胃口小，别指望他一次吃掉你辛苦准备半天的食物。

给宝宝准备好看的餐具，让宝宝觉得吃饭是件有意思的事。

培养宝宝高情商

在这一关键时期，宝宝需要爸爸妈妈的陪伴，在全家温馨、欢乐的互动中，宝宝的好性格和高情商会慢慢形成。

快乐情绪很重要

快乐的情绪对于宝宝健康发展的益处是毋庸置疑的，对心智的启发、语言的发展、良好情绪和性格的建立都有着促进作用，所以爸爸妈妈要努力营造愉快的家庭氛围。在充满幸福和爱的家庭中长大的宝宝，成年后更容易拥有幸福快乐的生活。

父母要保持愉悦的心情：有生活情趣，善于表达爱和快乐，这会对宝宝产生潜移默化的影响。精心地照料宝宝，对于宝宝的任何情况及时回应，不因工作繁忙或情绪不佳而冷落宝宝。经常亲吻、拥抱和赞赏宝宝，这是促进宝宝情绪良性发展的好方法。

儿科医生说 快乐情绪对宝宝发展的作用

- 众多研究表明，快乐的情绪有助于婴幼儿智力发展、自我意识的形成及婴幼儿社会行为的产生，对婴幼儿的发展有非常重要的意义。
- 让婴幼儿经常处于愉快的情绪之中，少受坏脾气的干扰，并能理解别人的情感和适度控制自己的情感，能使大脑的情感潜能得到充分和全面的开发。

和宝宝做有趣的游戏和互动：游戏能够让宝宝在充分的体验、交流、分享中获得快乐。

不要经常压制宝宝的情绪释放：让他有机会尽情地大笑、喊叫，过度的限制和抑制可能会使宝宝变"乖"，但同时也可能使宝宝丧失了激情与活力。

给宝宝展示出积极真实的形象

不要在宝宝面前"戴面具"，他更喜欢一个幽默、风趣、自然、快乐的爸爸或妈妈。

别轻易对宝宝说"不"

随着宝宝开始坚持自己的想法,妈妈可能会对他的一些行为感到奇怪。他知道什么是"不",但仍然会反复地做那些不被允许的事情,而且一边做,还一边不时地回头来观察妈妈的反应。惩罚和愤怒对这个月龄的宝宝并没有什么益处,不过,转移注意力更为管用。因为忙于尝试,他还不能做到"守规矩",尽量试着引导他做一些他能做的事情,像"请把那个给我",并及时表扬宝宝做得很好,这更有可能促使他以后再做。把"不"用在确实危险的活动上,这样"不"听起来会更有力量,宝宝会明白妈妈是当真的!

不要扼杀宝宝的好奇心

对于这个阶段的宝宝而言,世界是多么神奇啊,他们什么都想知道。他们观察、他们尝试、他们比较,在探索中自得其乐,他们东摸摸、西摸摸,什么都往嘴里塞;到稍微大一点了,就开始弄坏玩具,撕坏东西;会说话了就开始不停地问"为什么",这都是由于好奇心的驱使。是要培养一个充满创意和想象力的宝宝呢,还是要一个呆呆的、懒惰的宝宝,很大程度上取决于爸爸妈妈的引导,是否能够提供一个让宝宝探索认识世界的环境。"这个不能动""那个有危险",如果爸爸妈妈总说这些话,让宝宝受到诸多限制,慢慢就会磨灭宝宝的好奇心。

正确做法是把宝宝不该碰的东西收起来,让宝宝自由地探索,即便遇到困难,他也不会在意,会自己想办法去克服。在这种探索过程中,宝宝的好奇心得到了满足,自信心和能力得到加强,更重要的是他学会了"自娱自乐"。

搞定"黏人"的宝宝

7~9 个月的宝宝越来越黏着妈妈了,父母要正确引导宝宝,减少宝宝的这种不适,这对宝宝独立个性的养成意义重大。爸爸妈妈要帮助宝宝建立良好的适应性和沟通、交流能力,同时要适当与宝宝分离,要清楚这不是不爱宝宝,而是为了让宝宝能够独立。虽然宝宝现在还不懂,但如果常和他说话,他会明白你的意思。另外,也可以通过做游戏的方式慢慢让宝宝习惯分离,不要因为宝宝黏人而责怪他。

对待黏人的宝宝,要适当与宝宝分离,锻炼宝宝的独立性。

- 父母因为不能陪伴宝宝而产生内疚的痛苦的情绪，要知道离开孩子一段时间并不会让你成为一个坏家长。
- 不要因为不能陪伴宝宝而内疚，因此过度溺爱宝宝，这样很容易使宝宝变得害羞和依赖，对宝宝不是好事情。

宝宝出现分离焦虑

如果产假期间完全由妈妈一手照料宝宝的饮食起居，照顾时间越长、宝宝月龄越大，分离焦虑表现得越明显。表现有焦躁、哭泣、拒食、打乱已经建立的饮食和睡眠规律等。

格外黏人的宝宝也正在经历着分离焦虑

- 当父母，特别是妈妈要离开时，宝宝会感觉妈妈可能会永远消失，为此感到无助和害怕，故而产生分离焦虑。

如何缓解宝宝分离焦虑

理解分离焦虑是正常现象，宝宝的眼泪是一种宣泄和过渡，妈妈不要过分自责和内疚，否则只会延长彼此的焦虑时间。

1 无论宝宝多大，当父母不得不离开时，必须给宝宝足够的时间来进行心理和身体的调整。

2 分离焦虑需要一个循序渐进的过程，别指望有立竿见影的妙招，这需要家人的配合。切忌在宝宝全神贯注做事时或等宝宝入睡后悄悄离开，这只能带给宝宝更大的不安全感。离开前，妈妈要充满慈爱，简短、积极地告别。

3 建立告别仪式，拥抱亲吻宝宝，和宝宝挥挥手说再见后去上班，仪式化的程序使分别更轻松。

4 帮助宝宝建立与其他看护者的依恋关系，比如父子、爷孙等，"温暖、舒适、安全"可缓解宝宝的分离焦虑。

5 通过柔软、有温暖触觉感受的毛绒玩具或带有妈妈体味的几件衣服来缓解宝宝的分离焦虑。

儿科医生说 如何避免分离焦虑

- 带宝宝提前"演练"：提前跟宝宝说明，让他适应暂时分离。
- 高兴地离开：让宝宝把你的来去当成是一件快乐的事情，不要偷偷摸摸地走。
- 不必内疚：不要因为宝宝哭闹而有负罪感，要知道这都是暂时的，你和宝宝都能逐步适应。
- 不要偷着离开：偷着离开虽然可以减少麻烦，但会造成宝宝缺乏安全感和对父母的信任感。
- 转移注意力：给宝宝可以抱在怀里的毯子或毛绒玩具，代替对妈妈的依恋。

早教小游戏

这时的宝宝手比较灵活了，理解能力和反应能力都有很大的提升，此时可以和宝宝做些锻炼动手能力和反应能力的游戏了。

铃儿响叮当

1 准备一只有短拉绳的小铃铛和一把带扶手的高椅子，并将小铃铛系于椅子的扶手上。妈妈先示范动作，然后引导宝宝自己拉动绳子听铃声。宝宝拉的时候，妈妈要赞美宝宝，鼓励宝宝多做几次，并提醒宝宝倾听美妙的铃声。

2 这个游戏能增加宝宝对声音的认识，会知道只要拉绳子，铃铛就会响，将声音和形象联系起来。

玩游戏的注意事项

- 游戏时，动作幅度不要太大，以免使宝宝受到惊吓。
- 也要注意把拴铃铛的绳子绑得结实些，要时刻在宝宝身边看护，以免造成不必要的伤害。

促进宝宝手眼协调能力的游戏

- 撕纸游戏。
- 敲打玩具。
- 捡豆豆。
- 穿彩珠。

做游戏也能够让宝宝更开心。

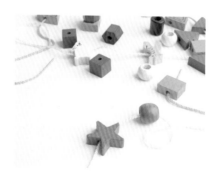

妈妈提问医生答

7 个月后的宝宝，容易出现抵抗力减弱的情况，易受疾病困扰，让爸爸妈妈心疼不已，宝宝出现的小状况、小意外，也令爸爸妈妈着急……宝宝成长路上的每一点状况，都令爸爸妈妈"担惊受怕"。

注重营养

吃得好才能长得壮，不但要给宝宝喝奶，还要给宝宝提供适宜的辅食、丰富的营养，帮助宝宝健康成长。

Q 宝宝抵抗力弱，老是发热怎么办

A 妈妈不要慌张，给宝宝科学降温 宝宝自出生后 7 个月开始，体内来自母体的抗体逐渐消失，抵抗力变差，很容易受病菌、凉风或病毒侵袭而引发感冒发热。当宝宝发热时爸爸妈妈不要慌张，只要根据宝宝的发热体温及时采取治疗措施就行了。

1 体温在 38.5℃ 以下，宜采取物理降温，用凉毛巾敷在宝宝额头或用宝宝退热贴敷颈部、头部等部位。

2 不要捂汗。衣服不宜穿得过多，被子不要盖太厚，更不要"捂汗"。

3 多喝水。多喝水可以促进身体新陈代谢，排出体内毒素，缓解发热症状。

4 减少运动。宝宝发热时身体很不舒服，所以尽量少让宝宝活动，爸爸妈妈可以多抱抱宝宝，让他有安全感。

5 体温超过 38.5℃，就要给宝宝吃退热药了，等宝宝退热后观察是否会再次发烧，如反复发烧要及时就医。

7~9 个月宝宝身高体重参考

男宝宝的身高为 70.5~73.6 厘米，体重为 8.8~10.6 千克。
女宝宝的身高为 68.6~71.8 厘米，体重为 8.1~9.9 千克。

怎么处理宝宝的外伤

A 依伤情轻重，酌情处理 如果宝宝受到的碰击不太严重，患处没有出现肿胀或活动困难等症状，24~48 小时内可以在皮肤的瘀伤处进行冷敷。如果伤口不大但出血，先用流水冲洗，再用碘伏消毒伤口，然后用纱布包扎；如果伤口较大，则应马上带宝宝去医院处理伤口，必要时要注射破伤风针。

怎么给宝宝补充 DHA

A 多吃鱼类、奶类、坚果类 DHA 对于增强宝宝记忆与思维能力，提高智力等作用尤其显著。0~3 岁是宝宝脑部发育的黄金期，合理的营养添加会对大脑发育起到事半功倍的作用。DHA 存在于母乳、配方奶、鱼类、坚果类、藻类中，要想使宝宝获得足够的 DHA，就要营养全面。

误以为异常的情况

宝宝在睡眠中抽搐

宝宝常在睡眠中莫名其妙地抽搐，这是因为宝宝的神经系统发育还不完全，神经内的信息传递不够准确和灵敏，受到外界的声音和碰撞刺激后，刺激波及由大脑控制的所有神经纤维，引起胳膊和腿的动作和抖动，所以宝宝这种"一惊一乍"是正常的。这时候，妈妈只要轻轻按住宝宝身体的任何一个部位或轻声安慰，他就会立刻安静下来。

宝宝变得不爱接触陌生人

7 个月左右，宝宝变得不爱接触陌生人，特别是陌生人亲近并想抱他时，宝宝会有焦躁不安、恐惧哭闹的表现。这说明宝宝开始出现了陌生人焦虑，就是我们俗称的"认生"。认生对宝宝的社会能力发展是不利的，影响他的智力发展和交往能力，所以爸爸妈妈应当积极引导，采取措施，帮宝宝轻松度过"认生期"。

第五章 10~12 个月

看着宝宝一天天健康长大，会叫"爸爸、妈妈"了，真的很欣慰。爸爸妈妈长期为宝宝的付出有了成果，也告别了最初的手忙脚乱，关于养育宝宝的事懂得更多了，还能给别人提供意见，成半个"专家"了！但是，爸爸妈妈还不能放松警惕，对待宝宝还是要打起十二分的精神！尤其是会走的宝宝，更需要爸爸妈妈的细心照顾。

10~12 个月宝宝的五大能力

大运动 ①

- 宝宝扶着其他物体可以站立起来并逐渐站稳，扶着栏杆或大人拉着小手可以向前走。
- 能够自己坐下，坐着时可以自由地左右转动身体。
- 能蹲下取物。
- 能推开或拉开较轻的门。

② 精细运动

- 手指已经十分灵活了，能熟练地用手指抓东西吃，可以拿着小勺自己吃饭；手眼协调能力越来越强。
- 能打开包糖果的纸。
- 会握笔画出弯弯曲曲的线条。

语言交流能力 ③

- 宝宝会非常清晰地喊爸爸、妈妈，喜欢"咿咿呀呀"地说话和"汪汪""喵喵"地模仿动物叫声，还能一边摇头一边说"不"。
- 喜欢模仿听到的声音。
- 能用声音表达自己的愿望。

④ 认知能力

- 知道自己叫什么，听到自己的名字知道应答，能自己翻页看书，能通过彩色画册认识物体。
- 喜欢看绘本和画册。
- 认识常见物及其名称。
- 喜欢涂鸦。

社会适应能力 ⑤

- 喜欢和父母一起玩游戏、看图画书，还能意识到他的行为能使爸妈高兴或不安，因此也会想尽办法令爸妈开心。
- 能准确地表示愤怒、害怕、嫉妒、焦急、同情。
- 见到别的小朋友知道打招呼。

喂养

10~12 个月宝宝可吃的辅食逐渐丰富了起来，而且宝宝有了独立意识，爸爸妈妈既要给宝宝增加营养，也可以放开手，让宝宝去学习吃饭等，但是要保证宝宝饮食的安全性及全面性。

不用着急断奶

1 岁左右的宝宝不用着急断奶，对于宝宝来说，母乳和配方奶仍然是宝宝不可缺少的营养来源。

合理安排宝宝的母乳、配方奶和辅食

宝宝可吃的东西虽然多了，但妈妈要掌握一定的规律，合理安排宝宝的饮食。

母乳： 如果母乳依然充足，那么母乳当然仍是此时宝宝重要的食物，每天需喂母乳 3 次。

配方奶： 如果母乳不足或完全没有母乳，可用配方奶，每次 150~200 毫升，其余喂辅食 3~4 次。

辅食： 由米糊过渡到稠粥、软饭，由肉泥过渡到碎肉，由菜泥过渡到碎菜。宝宝或许很爱吃米饭、菜汁和软水果，宝宝长了第一对乳牙，他就能吃一点儿水果和蔬菜了。

给宝宝准备健康的零食

妈妈可亲自动手给宝宝做健康的零食，如做各种饼干、蛋糕、薄饼。宝宝的辅食中不要放盐和蜂蜜，尽量不放糖。品尝点心也是宝宝的生活乐趣之一，所以可以给宝宝吃一些点心。

宝宝可以吃的辅食范围广了，妈妈可以给宝宝尝试做不同的辅食，以补充生长发育过程中所需要的营养。

儿科医生说 宝宝辅食的烹饪方式

- 给宝宝做饭时多采用蒸或煮的方法，比炸或炒的方法保留更多的营养成分，口感也比较松软。
- 蒸煮的方式保留了更多食物原有的色彩，能有效激发宝宝的食欲。

培养宝宝夜间不喝奶

很多宝宝夜间醒来时，不喝母乳就没办法入睡。而爸爸妈妈担心宝宝挨饿，也就给他喝了。这样日积月累，夜间喝母乳的毛病就更难改了。宝宝长牙后，夜间吃奶清理口腔比较麻烦，而且影响宝宝和家长的睡眠。为了解决这个问题，妈妈可以这样做：

睡前让宝宝喝饱：宝宝如果睡前吃饱了，是可以一直到早上醒来再吃的，但是喝奶后应给宝宝清洁口腔。

换种方式哄睡：夜里宝宝醒来如果不喂奶，可能会哭闹，哭着要抱时，不要抱他。可以拍拍他，或者讲个小故事、一同看一本图画书，但是不抱他起来，等他哭闹累了，就会去睡了。

改变睡眠环境：把房间的布局和宝宝的被褥，当着他的面改动一下。宝宝有新鲜感，也许会改变夜醒的毛病。

夜间由爸爸照顾：让爸爸陪宝宝睡觉，宝宝找不到妈妈吃不到母乳，爸爸也坚持不冲配方奶，宝宝抗议无效的话就会睡了。多试几次，定能成功。

别给宝宝喝鲜奶

鲜奶以牛奶为主，其成分不完全适应婴幼儿的生理特点，不易被婴幼儿吸收，会加重肝肾负担，加之磷含量太高，会直接影响钙吸收。对于 3 岁以下的宝宝，特别是 1 岁以内的婴儿，配方奶粉是最佳的代乳品。它以牛奶为原料，根据母乳成分进行了调配，如降低牛奶中的总蛋白质，调整钙、磷、钠、钾、氯等矿物质的比例。这样就使配方奶更符合婴幼儿的生理特点，既减轻肝肾负担，有利于心脑发育，又在胃内凝块较小，易消化吸收。因此，3 岁以下婴幼儿的乳品最好选择更接近母乳、营养更全面均衡的配方奶粉。

不宜给 1 岁以内宝宝喝鲜奶。

辅食添加因宝宝而异

10~12 个月的宝宝可以添加软米饭、面条、粥、豆制品、碎菜、碎肉、蛋黄、鱼肉、饼干、馒头片等各种辅食。值得爸爸妈妈注意的是，不同宝宝之间的饮食差异很大，不要绝对化，也不要去比较，主要看宝宝是否发育正常。如果宝宝的头围、身高、体重增长都在正常范围内，这样的喂养就是成功的喂养。

让宝宝爱上辅食

10~12 个月的宝宝已经逐渐适应不同口味的固体食物了，接触的辅食更多，难免有时会挑食，不喜欢吃饭。爸爸妈妈别着急，丰富辅食的制作方法，就会让宝宝爱上吃饭。

不喜欢蔬菜的宝宝：宝宝会把吃进去的菠菜、油菜或胡萝卜吐出来，这时，妈妈就要把这些蔬菜做成汤、菜肉包、饺子或蛋卷等让宝宝吃。配成漂亮的颜色，做成有趣的形状，宝宝当然会对这种食物乐此不疲。

不喜欢肉、蛋的宝宝：对于鱼肉、牛肉、鸡肉、猪肉或蛋类等食物，如果宝宝对其中一种或几种非常不喜欢，那就不要强制他吃，试着从其他食物中让宝宝摄取营养。

变换花样做辅食

如果宝宝讨厌某种食物，可在烹调方式上多换花样，同时注意色彩搭配，引起宝宝食欲。

开始吃谷物的宝宝：谷物类食物的选择，可以是米饭、馒头或者是面条，吃好谷物才不会使宝宝缺少热量。

味觉敏感的宝宝：宝宝对食物的好恶更明显，但也更容易从食物的味道中获得乐趣。重要的是，妈妈首先要检查自己是不是挑食，如果挑食，就要为宝宝做出榜样，无论什么食物都要津津有味地品尝一遍。

儿科医生说 宝宝添加辅食要注意全面和定量

- 选择食物要得当：食物的营养应全面，除了瘦肉、蛋、鱼、豆浆外，还要有蔬菜和水果，保证每天饮用一定量的配方奶。

- 饮食要定时定量：每天要吃 5 餐，早、中、晚餐时间可与父母统一起来，但在两餐之间应加牛奶、点心或水果。

色香味俱全的美味辅食

此阶段正是宝宝快速生长发育的时期，需要比较多的营养，所以饮食一定要注意搭配，合理的营养能使宝宝更健壮。除此之外，还要注意辅食要做得好看，注意颜色、形状等的搭配，以吸引宝宝的注意力和增强食欲。

辅食推荐

土豆饼

原料： 土豆、西蓝花各 20 克，面粉 40 克，配方奶 50 毫升。

做法： ①土豆洗净，去皮，切碎；西蓝花洗净，焯烫，切碎；土豆碎、西蓝花碎、面粉、配方奶放在一起搅匀。②将搅拌好的面粉糊倒入煎锅中，用油煎成饼。③用模具扣出可爱的形状，并加以点缀，吸引宝宝对食物的注意力。

什锦水果粥

原料： 苹果半个，香蕉半根，哈密瓜 1 小块，草莓 3 颗，大米适量。

做法： ①大米洗净；苹果洗净，去核，切丁；香蕉、哈密瓜，切丁；草莓洗净，切丁。②大米加水煮成粥，熟时加入水果丁稍煮即可。

鸡蓉豆腐球

原料： 鸡腿肉 30 克，豆腐 50 克，胡萝卜末适量。

做法：

①将鸡腿肉、豆腐洗净剁成泥，然后与胡萝卜末混合搅拌均匀。②将鸡蓉豆腐泥捏成小球，放入沸水锅中蒸 20 分钟，宝宝食用的时候用小勺将鸡蓉豆腐球分成方便宝宝小嘴进食的大小即可。

护理

10~12 个月的宝宝越来越好动，开始学走路了，有的宝宝可能已经很熟练了。在照护此阶段的宝宝时，爸爸妈妈会觉得很累，但只要掌握一些护理要点，细心照顾宝宝，会让你觉得越来越顺手。

保护好学步的宝宝

宝宝刚开始学走路还不是很稳，爸爸妈妈在陪宝宝练习走路时一定要保护好宝宝，以免摔倒造成不必要的伤害，打击宝宝学步的信心。

别让宝宝学步时意外受伤

保护宝宝，不让他们意外受伤是爸爸妈妈的职责，因此，宝宝学走路时，爸爸妈妈要确保周边环境的安全。

窗户和阳台要安装护栏：家中的窗户和阳台要有护栏，栏杆间隔缝隙要小些，避免宝宝由于好动发生危险。阳台上不要摆放小凳子，避免宝宝误爬上去而导致危险。

给门安装防夹软垫：宝宝容易在开关门时发生夹伤，爸爸妈妈可给门安装防夹软垫来避免危险。

清除危险的物品：玩具要避免有尖锐的棱角或很小的零件；家中的危险品如剪刀、热水瓶要放在宝宝接触不到的地方。

包住家具的边角

练习行走时选择宽阔的场地，所有的家具都不应妨碍宝宝的行走，要用软布包住家具的棱角部分，以免宝宝跌倒时撞击受伤。

儿科医生说 为宝宝选一双舒适的学步鞋

- 宝宝的鞋子最好区分左右，鞋底前 1/3 可弯曲，后 2/3 稍硬不易弯折。鞋跟比足弓略高以适应自然姿势，鞋面柔软，防水性强，鞋帮要稍稍硬一些，以保护宝宝的踝关节。最好选鞋口带有松紧性的鞋，以便根据脚形调整鞋子的松紧。

- 宝宝刚刚学步，选鞋时一定要注意尺寸合适，大小适宜的鞋应该是宝宝穿上鞋站起来时，脚尖前有半个拇指大小的空间。

- 宝宝的脚长得特别快，通常 2~3 个月就需要换鞋，所以妈妈一定要经常量一量宝宝脚的大小，以便及时为宝宝换上适合脚大小的鞋。

教宝宝学走路不要操之过急

宝宝学习走路也要循序渐进，先学会站立，然后学会迈步，等熟练了之后就可以走稳。

宝宝学站小练习

物品准备：在与宝宝身高相当的小桌子、小箱子上放上玩具，让宝宝站着玩玩具，借此训练他下肢的耐力及稳定性。

练习准备：妈妈两手扶住宝宝腋下，稍加用力把坐着的宝宝扶起、站立，让宝宝体验一下站的感觉，可以反复训练。

站起来了：当宝宝学站已经有一些基础后，可让宝宝靠着墙站立，背部和臀部贴着墙，脚跟与墙稍稍离开一点，双腿分开站。妈妈可用玩具引逗宝宝，让宝宝晃动身体，增强站立的平衡感。宝宝能扶站、靠站一段时间后，妈妈可让宝宝尝试独站。多次训练，一般到了 12 个月，宝宝就能独自站稳了。

教宝宝学走路

扶走：父母可以站在宝宝的后方扶住其腋下，或在前面搀着他的双手向前迈步，练习走。拉手走只能用于练习迈步。

独走：设法创造一个引导宝宝独立迈步的环境，如让宝宝靠墙站好，父母退后两步，

学步时的注意事项

- 不要借助学步车，学步车解放的是大人，对于宝宝来说没有什么益处，它对宝宝运动的发展没有任何益处。

- 适当放手有利于宝宝的成长，放开手，让宝宝自己尝试走路，摔倒后自己爬起来，这样能使宝宝更快乐，更有成就感。

伸开双手鼓励宝宝："走过来找妈妈。"当宝宝第一次迈步时，你需要向前迎一下，避免他第一次尝试时摔倒。反复练习，宝宝很快就能学会走路了。

练习时间：每天练习时间不宜过长，从 5 分钟开始，逐渐延长时间到 30 分钟。总之，应根据自己宝宝的具体情况，灵活掌握时间，不可机械训练。

宝宝学会走路需要一个过程，不要着急。

注意宝宝日常生活中的护理细节

宝宝活泼好动，越来越可爱，在爸爸妈妈眼里，自己的宝宝永远是最棒的、完美的。可是宝宝在生活、行动上，有许多事情护理时需要格外注意，慢慢引导，宝宝才会更健康地成长。

戒除安抚奶嘴

随着宝宝年龄的增长，要逐渐考虑把安抚奶嘴戒除掉了。现在，宝宝如果还离不开安抚奶嘴，不但会影响宝宝的牙齿发育，还可能让宝宝在心理上越来越依赖这个小小的奶嘴。

多陪伴：当宝宝哭闹时，不要用安抚奶嘴堵住他的嘴，应该弄清他需要什么，多抱抱他，多和他说话，多陪他玩。

转移注意力：如果宝宝的小嘴闲着想吸吮奶嘴，你不妨给他唱一首歌，或者给他讲故事，最简单的方法是让他亲亲你。

建立新的睡眠模式：如果宝宝有含着奶嘴才能睡着的习惯，你可以给他更多的爱和关怀，帮他建立一个新的夜间安睡模式，和他一起享受一整夜美好的睡眠。

处罚和强制会适得其反

在奶嘴上抹辛辣物品，以及用处罚或强制手段，只会"欲速则不达"，带来负面效果。

儿科医生说　安抚奶嘴的弊端

- 安抚奶嘴较大的弊端就是容易出现依赖性，有的宝宝好几岁还需要使用安抚奶嘴才能入睡。

- 安抚奶嘴放入口中，宝宝不停地吸吮，然后大量的空气会吸入胃中，容易出现胀气导致溢奶，影响宝宝身体健康。

- 空气中还存在一定的细菌，宝宝经常性地吸吮奶嘴，很容易引起口腔溃疡。

- 经常性使用安抚奶嘴，还不利于宝宝唇形的发育，有可能会出现牙齿发育不正，影响美观。

- 建议尽量不给宝宝使用安抚奶嘴，虽然宝宝一时得到了安慰，但是长此以往得不偿失。

安抚奶嘴虽然在一定程度上帮了爸妈的忙，但对宝宝健康成长有影响，所以需要适时戒除。

为宝宝合理增减衣服

这个时期的宝宝活动量大，妈妈应掌握及时增减衣服的原则，根据天气预报、气温变化以及自己的感觉有计划地给宝宝增减衣服。宝宝越来越大了，有了一定的审美，为宝宝穿衣服时不仅要舒适，还要穿得漂亮，能让宝宝更舒爽的同时建立自尊和自信。给宝宝穿衣，以宝宝不出汗、手脚不凉为标准。早晨起来时，看一下天气，和前一天做个比较，如果没有大的变化，就不要轻易给宝宝添减衣服。

关于宝宝穿衣那些事

宝宝已经会走了，活动量越来越大，衣服要兼顾保暖和耐磨等需要。

不会走路的宝宝，穿的衣服应该和大人安静状态下所穿的衣服一样厚。

天气变化幅度大的春秋季节里，最好准备一件穿脱方便的马甲，早晚穿着。

爸爸妈妈可以选择亲子装，外出时和宝宝一起穿上，可以增进亲子感情。

寒冷季节宜防冻疮

寒冷季节带宝宝做户外活动时要防寒保暖、预防冻疮。从户外回家后，可用温水洗脸和手，轻轻揉一揉，促进血液循环。宝宝血管末梢循环差，即使戴手套，也可能会发生冻疮。

在户外时，妈妈经常给宝宝焐手和小脸蛋，也是很有效的。冬天，如果宝宝的手指变得像蜡一样苍白，而且僵硬，或者发黄、开始肿胀或起水泡，就意味着是真正地冻伤了。

治疗：迅速将宝宝转移到暖和的地方，脱去冻伤部位的衣物，将冻伤部位浸泡在温水（40℃）中，保证水温大致恒定。冻伤部位的组织很脆弱，触摸时动作要轻柔，用力揉搓会加重皮肤损伤。

睡眠

宝宝的睡眠越来越规律了，这时要做的就是有规律地安排宝宝睡和醒的时间，这是保证让自己和宝宝拥有好睡眠的基本方法。

宝宝睡眠时间减少了

10~12 个月的宝宝每天需睡 12~14 个小时，白天一般睡 2 次，每次 1.5~2 个小时。总的睡眠时间减少了，有更多的醒着的时间来探索世界。爸爸妈妈要安排好宝宝的睡眠时间，尽量与宝宝同步，以便劳逸结合，有精力陪宝宝"折腾"。

宝宝睡眠情况因人而异

宝宝在 10~12 个月大的时候，睡眠状况会有自己的特点，爸爸妈妈要特别留心。这个阶段的宝宝，睡眠存在个体差异，有的睡眠多一些，有的睡眠少一些，这些都是正常情况。

作息规律的宝宝：有些宝宝已经建立了一套固定的睡眠规律，每天晚上都能按时睡觉，早上按时起床，午后小睡。

与父母同步的宝宝：如果爸爸妈妈不睡只是哄宝宝睡的话，有的宝宝很难入睡，一直到爸爸妈妈也要睡觉的时候才肯入睡。

"早睡早起"的宝宝：有些宝宝晚上睡得早，早上很早就会醒来，自然会影响到爸爸妈妈的睡眠。对于这样的宝宝，如果他不是很早就困的话，爸爸妈妈可以晚点哄他入睡。

睡前不要让宝宝看电视

睡前看电视容易使宝宝越来越兴奋，会迟迟不肯睡觉。

儿科医生说 巧借时间表让宝宝爱上睡觉

宝宝 10 个月大之后，大人们需要根据宝宝睡眠情况创立一套合理的晚上睡觉时间表。比如，几点开始洗澡，洗完澡之后安排时间给宝宝讲故事、唱歌，让宝宝在入睡前能养成自主进入睡眠状态的习惯。

如何安排宝宝白天的睡眠

有的宝宝白天不睡觉，晚上睡得也不多，爸爸和妈妈可以通过以下几个方法帮助宝宝在白天睡觉：

备些书籍和玩具

爸爸妈妈可以给宝宝准备一些他爱看的书籍或喜欢的玩具，在宝宝感到困倦的时候，看上一会儿或玩上一会儿，能够帮助宝宝入睡。

至少有休息时间

如果宝宝白天不愿意睡觉，爸爸妈妈应保证宝宝至少有休息的时间，可以让他听一段音乐，安静一会儿。

兴奋过后不易入睡

宝宝刚玩得很兴奋，或刚闹腾一番，不要指望宝宝能立刻安静地睡觉。给他一点时间，安静下来，看看书或听听轻柔音乐都可以，然后再睡觉。

床上放本书

宝宝和大人一样，也喜欢在床上看书，然后慢慢就睡着了。妈妈可以在宝宝床头放上一本他喜欢的书。

洗澡，讲故事

爸爸妈妈可在宝宝午睡前，给他洗个热水澡，做些按摩，让宝宝躺在床上，给他讲故事，哄他小睡一会儿。

宝宝不愿意上床睡觉怎么办？

有些宝宝不愿意上床睡觉，爸爸妈妈这时不妨试试以下方法：

- 按时让宝宝睡觉：即使宝宝不愿意上床睡觉，你还是要坚持你的观点，让宝宝按既定的就寝时间上床睡觉，并尽量让他平静下来。
- 用玩具帮宝宝入睡：在宝宝手边放一个他喜欢的玩具，这能帮助他入睡。

可以利用宝宝不想睡觉的时间，让宝宝看绘本或故事书，也可以给他讲故事。

疾病与不适

1 岁左右的宝宝已经可以吃许多辅食了，可能什么都想尝一尝，爸爸妈妈要格外留心，不要让宝宝吞食异物。宝宝会走路了，家长要做好相应的防护措施。

铅中毒

铅是具有神经毒性的重金属元素，对宝宝的神经、大脑伤害很大，会造成智力缺陷、学习障碍、生长缓慢、多动、听力减弱、注意范围缩小等。

避免尾气、铅尘：父母尽量少带宝宝到车流量大的公路附近散步、玩耍，避免吸入过多的汽车尾气、铅尘。铅大多积聚在离地面 1 米以下的大气中，而距地面 75~100 厘米处正好是宝宝的呼吸带，因此，当不可避免地带宝宝在车流量大的路边行走时，要抱起宝宝。

注意装修材料是否环保：家庭装修要选用正规品牌、质量过关、环保的材料。

儿童餐具、玩具是否安全卫生：使用正规品牌的儿童餐具；购买无毒、无刺激的玩具，凡是宝宝放入口中的玩具应定期清洗。

不要让宝宝吃含铅食物

松花蛋、爆米花、油炸薯条等食物中含铅高，不要让宝宝吃。

儿科医生说　儿童铅中毒的症状

- 最直接的外在表现就是儿童不长个、挑食、脾气暴躁，除此之外还会有便秘、腹胀的症状。

- 难以入睡、失眠，有时还会出现头痛、眩晕的情况，此时就需要注意，不要归结于天气或者生病，很有可能就是铅中毒。

- 视力也会受到影响，当儿童的视力突然下降的时候，家长们就需要注意，是否是由铅中毒引起的。

- 体弱多病。铅中毒儿童会经常发烧、感冒，而且总是反复不好，这也是需要父母引起注意的。

蚊虫叮咬

宝宝皮肤白白嫩嫩，而且自带淡淡的奶香，非常受蚊虫的欢迎。看着宝宝被蚊虫叮咬留下的红肿的包，心里真是既心疼又气愤！那么如何避免蚊虫叮咬宝宝娇嫩的肌肤呢，以下方法可以尝试一下：

使用儿童专用的驱蚊产品：夏季来临，要给宝宝"武装"好，儿童专用的蚊香液、花露水、驱蚊贴都可以用来驱赶蚊虫，让它们远离宝宝！

使用蚊帐：为了避免蚊虫在宝宝睡着时"偷袭"宝宝，给宝宝留下红肿的印迹，可以给宝宝使用蚊帐来阻断蚊虫的"青睐"。

巧用驱蚊植物：取几片薄荷、紫苏或西红柿的叶子，揉出汁涂抹于裸露的皮肤上，但要注意远离宝宝嘴部。

植物驱蚊是较为安全的方式。

吞异物

12 个月是不再吃玩具的月龄了，但宝宝还是喜欢把小东西往嘴里放，特别容易吞食异物，如小扣子、小珠子之类的东西。有一些小东西容易卡住食道、堵住气管，家人需要特别注意，以防出现危险。

紧急处理：

1 如果异物卡到喉咙引起窒息，应马上采取紧急自救法，即海姆立克急救法：使宝宝面向大人，左手扶着宝宝的头颈部和背部，右手食指和中指在宝宝乳头连线中间位置进行冲击式按压；使宝宝背向大人，左手扶着宝宝的下颌角和前胸部，右手掌心位置向前用力叩击背部双侧肩胛骨连线中间位置。连续按上述操作 3 次，看异物是否排出。

2 如果不断咳嗽但是能勉强呼吸，要马上送医院急救。

3 如果吞食了纽扣、电池或别的尖锐的东西，应马上送医院。

4 如果喝了清洁剂、消毒水等对人体有害物质，不要喝其他东西，应马上就医。

宠物抓咬

许多家庭喜欢养宠物，爸妈觉得萌宠和萌宝会是一对好伙伴，宝宝本身也特别喜欢和宠物逗着玩，但宝宝亲近宠物可能会引起许多疾病，对宝宝健康有害。宠物毕竟是动物，除了身上携带致病菌外，性情也是人类摸不透的，为了避免宠物对宝宝造成伤害，还是要让宝宝远离宠物。

猫虽然很可爱，但它尖尖的爪子有时可能会不小心抓伤宝宝，所以要让宝宝和猫保持距离。

育儿误区 让宠物与宝宝亲密无间

- 看很多国外的视频或者照片，狗狗用舌头舔摇篮里的婴儿，猫咪趴在婴儿身上，就像是婴儿的保姆一样。这样固然很有生活趣味，但对宝宝的健康可能有害。

- 婴儿的体质相对成年人来说较弱，免疫力低下。虽然宠物都是打过疫苗的，但是难免携带其他的致病菌，因此不宜让宝宝与宠物过于亲密。

家中有宠物，要注意的事

- 定期带宠物去动物医院做检查，体内体外驱虫，给宠物提前打狂犬疫苗。

- 注意宠物及宝宝的卫生状况，经常为他们洗澡，防止皮肤病传染。

- 注意打扫家里的卫生，及时清理猫毛狗毛、排泄物等。

宝宝不适合与宠物过于亲密的原因

1 寄生菌：有的宠物身上常常寄生真菌，可能会传染给宝宝，使宝宝的身体各部位长癣，如不及时医治，病程较长，可反复感染或传染他人。

2 寄生虫：有的宠物消化道中感染了寄生虫，可通过口腔或皮肤进入人体。

3 跳蚤：有的宠物身上有跳蚤，当跳蚤咬人吸血时，可将鼠疫或斑疹、伤寒等病原体传入人体。

4 抓伤、咬伤：当宝宝被宠物抓伤或咬伤后需及时打狂犬疫苗，爸爸妈妈应尽量不让宝宝跟宠物亲密接触，以免被抓伤、咬伤。

儿科医生说
萌娃与萌宠和平相处之道

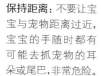

保持距离：不要让宝宝与宠物距离过近，宝宝的手随时都有可能去抓宠物的耳朵或尾巴，非常危险。

注意宠物的卫生：要把宠物清洗干净，以免感染细菌或寄生虫，殃及宝宝。

别让宠物在宝宝面前表演刺激的游戏动作：以免宠物过度兴奋冲撞到学步的宝宝，发生意外。

宠物的排泄物应及时处理干净：避免留在地面，既不卫生，还容易造成宝宝滑倒受伤。

不要在宠物的面前喂食宝宝：宠物的嗅觉灵敏，若是父母只喂食宝宝，让宠物在一旁流口水，难保不会引起宠物抢食，让宝宝有被袭击的危险。

螨虫过敏

螨虫易使人过敏引起不适，螨虫的尸体、分泌物和排泄物都是过敏原，容易使宝宝出现瘙痒及炎症。为了避免螨虫对宝宝的伤害，妈妈应注意卧室的卫生。

如何清除家里的螨虫

1 不铺地毯：地毯容易滋生螨虫，所以宝宝居室最好不要使用地毯，如果实在需要使用地毯，应定时（至少每年在进入夏季前）用地毯专用洗涤剂清洗地毯。

2 保持室内环境的干燥、通风：若遇湿度大的天气，即使湿度不高，也要用空调机或除湿机除湿。

3 注意宝宝的清洁：经常将宝宝的被褥、枕头放在强烈的日光下暴晒，拍打除尘。要给宝宝勤洗澡，勤换衣裤，宝宝的衣裤，尤其是内衣裤洗后应放在阳光下暴晒。

4 换季物品要杀菌：每到夏季用凉席前，应将隔年贮存的凉席、枕席、沙发席等草竹制品卷起，竖在地上用力敲打，用开水烫一遍，以杀死螨虫及其虫卵。

育儿误区 清洁床品，宝宝就不会过敏

- 宝宝睡醒之后长了一身的红疙瘩，就可能是宝宝对螨虫过敏了。爸爸妈妈在清洁被子和床上用品时应注意将床品彻底清理干净。

- 螨虫过敏症状有很多种，常见的是皮肤一片片的红，通常奇痒，引起宝宝烦躁不安。

培养宝宝好习惯、高情商

10 个月以后的宝宝懂得越来越多，个性也越来越明显。每个宝宝都有与众不同的个性特征，爸爸妈妈要尊重宝宝的个性，做好引导和教育。

良好进餐习惯要不断强化

任何一种良好习惯的养成，包括饮食、睡眠、生活、行为等，都应从宝宝时期做起。进餐习惯也不例外，必须从婴幼儿时期就养成良好的进餐习惯。只有好的进餐习惯，才能保证宝宝的进食量，宝宝获得充足的营养，身体才会健康。

吃饭时培养宝宝良好的进餐习惯

作为爸爸妈妈，就应该积极地引导宝宝选择那些有益于健康的食物，并且循序渐进地让宝宝养成良好的饮食习惯。

让宝宝有规律进餐：宝宝一天的进餐次数、进餐时间要有规律，按时进餐。每到该吃饭的时间，就应喂他吃，但不必强迫他吃，吃得好时就赞扬他，长时间坚持下去，就能养成定时进餐的习惯。

培养对食物的兴趣：培养宝宝对食物的兴趣，引起他旺盛的食欲，有助于消化腺分泌消化液，使食物得到良好的消化。

培养卫生习惯：饭前要洗手、洗脸，围上围嘴，桌面应干净。每天在固定的地点喂饭，给他一个良好的进餐环境。

儿科医生说 宝宝不爱吃饭怎么办

- 控制宝宝的零食：选择健康的零食，如水果、坚果、酸奶等有营养的东西，且要控制好量。

- 以身作则：家长自己要以身作则，平时自己也要做到不吃零食。

- 集中宝宝吃饭注意力：这个阶段的宝宝对颜色艳丽的东西会更感兴趣。我们可以选上几款颜色鲜艳的餐具，帮他们集中吃饭注意力。

- 不强迫：如果宝宝不好好吃饭，不要强迫，宝宝不喜欢被威逼利诱、强迫吃饭。

爸爸妈妈要有耐心

宝宝进餐不可避免地会造成"一片狼藉"，手和脸搞得很脏，不要嫌弃宝宝，爸爸妈妈要保持冷静与温和，使进餐时间成为一段愉快的时光。

培养宝宝高情商

无论是快乐、愉悦，还是悲伤、愤怒、惧怕，都是宝宝正常的情感体验，继而表现出相应的情绪，表达自己的感受是很自然的事。所以当宝宝有情绪时，我们要尊重他，并帮助他疏导，合理宣泄他自己的情绪，从而培养高情商的宝宝。

培养宝宝的良好性格

10~12 个月是宝宝和父母形成依恋的关键期，培养爸爸妈妈与宝宝间的亲密关系，对宝宝良好性格的形成很重要。所以，培养宝宝的良好性格，应建立在爸爸妈妈与宝宝良好的亲子关系基础之上。除此之外，爸爸妈妈还应从如下几个方面来做：

提升宝宝的专注度

在宝宝自己做事的过程中不要打扰他，让他集中精力做，以此提升宝宝的专注度。

以乐观的态度面对生活

保持良好的心态，平时不要悲观抑郁，用快乐的气氛感染宝宝；当宝宝情绪激动时，爸爸妈妈要先让宝宝静下来，再耐心地跟他讲道理。

让宝宝多与人交往

爸爸妈妈要多带宝宝到户外活动，鼓励宝宝多与其他小朋友玩耍，提高宝宝的人际交往能力。

培养宝宝的秩序感

爸爸妈妈培养宝宝的秩序感，让宝宝养成好习惯，为宝宝留下整洁、规则的第一印象。如果宝宝经常感受的是井然有序的家庭环境、和和睦睦的人际氛围、整洁规则的小区环境，那么就容易培养宝宝文明有礼貌的性格。

在宝宝产生秩序感的第一时间培养他的规则意识： 爸爸妈妈要在宝宝产生秩序感的第一时间培养一系列良好行为习惯，帮助他形成良好的自我形象。例如，进门就换拖鞋，上床要脱鞋，每个玩具放在固定的"家"里……

给宝宝安排规律的生活： 固定时间吃饭、外出、洗漱、讲故事、睡觉等。规律的生活给宝宝秩序感，有助于他们遵守规则。

培养宝宝的秩序感，父母要以身作则，有一套良好的生活习惯和模式。

正确看待宝宝的嫉妒心

宝宝会嫉妒了，也是情商发展的进步。宝宝看见妈妈抱别的宝宝就会着急，急于要抢回妈妈的怀抱；看见别的小朋友的玩具很漂亮自己想要，也会哭闹。这是宝宝学会嫉妒了，宝宝的嫉妒情绪并非完全消极，有时宝宝之间发生适当的矛盾冲突，能刺激宝宝的社交能力。

调节宝宝的消极情绪

适度的嫉妒情绪对宝宝无害，但如果宝宝屡生嫉妒，天长日久，会成为一个心胸狭窄、气量小的人。所以父母应当帮助宝宝摆脱嫉妒带来的消极情感。

如何帮助宝宝克服嫉妒心

1 帮助宝宝提高自我评价：这是克服嫉妒心的有效途径之一，一旦发现宝宝产生嫉妒的情绪，千万不要拿他和别的小朋友比，你可以抱抱他、抚摸他，告诉他他真的很棒。

2 民主、平等的家庭氛围：家人不要把宝宝当"宠物"养，要平等对待，否则宝宝会滋生攀比的心理。

3 减少使宝宝产生嫉妒的环境刺激：平常父母在家尽量少在宝宝面前谈论朋友、同事之间嫌隙的事，多说一些正面信息，如朋友经过努力，获得了哪些成就等，塑造积极的家庭氛围。

儿科医生说 嫉妒心滋长的原因

■ 宝宝争强好胜：不甘于做弱者，渴望得到他人的表扬和认可，如果某一方面不如别人就会产生嫉妒。

■ 习惯了赞美：家长溺爱宝宝，经常夸奖，宝宝如果某些方面能力差，在外面得不到赞美，就会由羡慕转为嫉妒。

■ 过于自负：宝宝在家一直以自我为中心，容不得别人比自己优秀，容易产生嫉妒心理。

■ 不当的教育方式：家长常对宝宝说他不如某个小朋友，使宝宝以为家长喜欢别的宝宝而不喜欢自己，产生不服气和嫉妒。

对待害羞宝宝多用正面评价

很多宝宝见到陌生人就会紧张，不爱笑，排斥与陌生人说话和交往，从心理学角度而言，这是害羞的表现，属于人类的自卫策略。但如果宝宝过分害羞，则会对今后的人际交往造成影响，因此，在宝宝性格形成的关键期，爸爸妈妈还是要采取正确的方法鼓励宝宝跨过"害羞"障碍。

用正能量的话语滋润宝宝的心田

1 增强自信，多用正面评价。害羞的宝宝特别需要鼓励和建立自信，爸爸妈妈应尽量帮宝宝寻找特长，不要给宝宝贴上害羞的标签，也不要强调宝宝不善于交流。

2 给宝宝创造社交机会。对于容易害羞的宝宝，爸爸妈妈应当有意识地多增加其接触外界的机会，比如常去朋友家做客，让宝宝多和其他宝宝一起玩耍。但在这个过程中要注意选择好对象，避免宝宝在活动中经受惊吓、挫折等不良的心理体验。

良言一句三冬暖，对待宝宝也要多用正面语言。

育儿误区 用责备管教宝宝

- 如果妈妈将自己和宝宝一天的对话记录下来，仔细地检视自己一天之内，对宝宝说得最多的话可能是一些"你怎么这么不听话""不乖乖吃饭，就不给你买你喜欢的玩具哦"之类的负面言辞。

- 负面的话语对宝宝的影响也是负面的，不要以为宝宝什么都不懂，爸爸妈妈说负面的话时不佳的语气与态度，早已经对宝宝小小的心灵造成不良影响了！

不要让负面语言伤害宝宝

- 宝宝要靠爸爸妈妈的引导与互动，才能一点一滴地认识自己与世界。

- 宝宝的模仿能力超强，稍不留意，爸爸妈妈的一举一动、一言一行就全都被宝宝学会了。

- 爸爸妈妈一定要注意自己的言行，千万别让负面语言伤害到宝宝。

妈妈提问医生答

10~12个月的宝宝，有的会走路，但有的还不会，这可急坏了爸爸妈妈；缺少安全感的宝宝可能有些"恋物"；宝宝白天不睡觉，是不是正常的？……爸爸妈妈还是有很多不知道的问题，听听医生的解答吧！

尊重差异

每个阶段的宝宝都有其自身的特点和差异性，爸爸妈妈不用苛责宝宝让其和其他宝宝一样。

宝宝快到1岁了，还不会走路，正常吗

A 尊重宝宝的差异性 每个宝宝都有自身的发展时刻表，父母要敏锐地捕捉到信息，从而协助宝宝，比如宝宝自己扶着横杠走，自己扶着站起来，并长时间站立。此时父母就要适时地给予协助，如牵着走、练习抬腿等，这样宝宝就能在自己发展时刻表的第一时间里水到渠成地完善自身发育。只要符合自身的发展规律，无论早走晚走都是正常的，只是客观上发展成熟的时间不一样而已。如果宝宝1岁半还不会走路，父母就要警惕，可能存在一些未知的病理情况，如脑性瘫痪，可能是由早产或者脑部缺血引起的；或是髋关节脱位，这时应及时就医。

10~12个月宝宝身高体重参考

男宝宝的身高为71~78.8厘米，体重为8.6~11.3千克。
女宝宝的身高为69~77.1厘米，体重为7.9~10.6千克。

宝宝"恋物"是病态吗

A **客观对待宝宝的恋物** 正常的"恋物"行为并不是病态，是会随着宝宝的成长慢慢消失的。爸爸妈妈需要采取措施耐心地处理并转移宝宝的"恋物"情结，如在宝宝独睡前陪伴宝宝，唱催眠曲或读个美妙的童话故事，等宝宝睡着了再离开，就不会使他对小熊之类的物品过度依恋。

宝宝白天不睡觉是异常表现吗

A **白天不睡觉也正常** 有些好动的宝宝白天不睡觉，玩得很开心，一点倦意也没有，这并不是异常的表现。这样的宝宝晚上睡得比较早，睡眠质量也好，深睡眠时间相对长。如果宝宝白天尽管不睡觉，精神却很好，活动能力很强，生长发育也很正常，爸爸妈妈就不必为宝宝白天不睡觉而感到焦虑了。

误以为异常的情况

宝宝习惯用左手

习惯用左手的人，其右侧大脑半球的功能会得到特别的发展，右半球为"优势半球"。强迫左撇子改用右手，大脑中的"优势半球"并未改变，这无形中加重了宝宝大脑功能的负担，易在两个半球的功能调整中造成紊乱，如说话不清、口吃、书写迟钝等，甚至使智力发育受到影响。所以，宝宝如果习惯用左手，不必纠正，应顺其自然。

宝宝身体有时颤抖

很多宝宝在运动之后，或者洗澡时，手、胳膊、腿，甚至小下巴会颤抖，这是正常的生理现象。因为宝宝的大脑组织还未完全发育成熟，控制肌肉的功能尚不健全，宝宝的很多动作是受到环境信息刺激出现的条件反射，这些反射不经过大脑控制，表现为无目的、不自主的肌肉抖动。随着大脑功能的逐渐完善，这种不自主的抖动会慢慢消失。

第六章 1 岁

　　1周岁以后的宝宝越来越顽皮了，在学会走路后，宝宝的活跃度就更高了，稍不留神就会四处惹祸，给家人惹麻烦，只要爸爸妈妈稍不注意，他就可能到处捣乱，把家里搞得一团糟。此外，宝宝对外部世界越来越好奇，更加渴望探索新世界。宝宝现在还没有是非观念，分不清对错，爸爸妈妈要以身作则，树立好榜样，并对宝宝加以引导，帮宝宝从小养成良好的习惯和性格。

1岁宝宝的五大能力

大运动 ①

- 宝宝能熟练地走路，可以借助扶手上下楼梯；跑步还不太熟练，不能急转弯，能很快从跑步状态转为静止状态；可以独脚站立。
- 能倒退走。
- 可以双脚跳离地面。
- 知道利用椅子设法拿到够不着的东西。

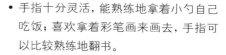

② 精细运动

- 手指十分灵活，能熟练地拿着小勺自己吃饭，喜欢拿着彩笔画来画去，手指可以比较熟练地翻书。
- 能自己拿着杯子喝水。
- 能将积木搭起来。

语言交流能力 ③

- 开始使用语言和周围人打招呼，如果客人要走了，宝宝会向客人说"再见"；会用小名称呼伙伴；能用语言表达自己的需要，如"喝水""吃苹果"等。
- 说话有音调了。
- 能正确使用代词"你""我"。

④ 认知能力

- 模仿力更强，喜欢学着大人的样子做事情；能够认识多种颜色，辨别形状的能力也随之增强，可以辨别简单的几何形状。
- 喜欢看故事书。
- 会数5以内的数。
- 知道2比1多。

社会适应能力 ⑤

- 喜欢和小朋友们一块儿玩，跟在他们屁股后面跑来跑去，宝宝会很高兴，但社交时掌握不好分寸，有时会拍打同伴。
- 喜欢去游乐园玩，见到人多会兴奋。
- 有嫉妒心，会"吃醋"。

喂养

这个阶段宝宝的辅食要逐渐变成主食了。在宝宝向一日三餐正常饮食过渡时，会出现挑食、偏食、暴饮暴食、食欲缺乏等各种问题，父母要合理纠正。

营养加餐解决不爱吃饭问题

有些宝宝因为没有食欲而不爱吃饭，妈妈要挑选能补充宝宝所需热量和营养的食品，在食材和制作方法上多下功夫，变换花样，每天制作不同的营养加餐来吸引宝宝的注意。宝宝只要有了胃口，自然就能正常进食了。

不要盲目给宝宝补充人工营养素

事实上，妈妈只要保证宝宝每日饮食营养均衡，是不需额外多补充维生素或矿物质的（出生15天后要每天补充维生素D，以防宝宝患有佝偻病）。如果需要补充人工营养素要遵医嘱，同时还应注意以下事项：

有依据地补充：在给宝宝补充人工营养素前要以明确的检查结果和医生的建议为依据。

缺什么补什么：宝宝尽量不要补充复合维生素片。除了宝宝吃起来比较困难外，这种没有明确目的的补充方式，很容易使营养素之间的配比失衡。

不能持续、长期补充营养素：无论是成人还是宝宝，长期补充人工合成的营养素比较容易产生依赖性，也会降低身体吸收天然食物中营养素的能力。可以隔一天吃一次，或者吃一个月，停吃一段时间再接着补充。体内营养素均衡后，就应停止补充。

培养宝宝主动进食

有些宝宝即使到了1岁，妈妈还是很喜欢给宝宝喂饭。这个习惯是非常不好的，妈妈最好让宝宝自己吃饭。

药补不如食补，宝宝不爱吃饭，妈妈担心缺营养，尽量以做宝宝喜欢的辅食来补充。

儿科医生说 人工营养素补充过量将导致不良后果

- 营养素摄入过量与营养素缺乏同样有害无益，由于宝宝的肝脏解毒功能和肾脏的排泄功能尚未发育完善，过量的矿物元素会加重宝宝机体的代谢负担。
- 即使宝宝真的缺乏某种营养素，补充的时间也不宜过长，如果情况好转就可以停止营养素制剂的补充，代之以食补。

宝宝挑食别发愁

1岁以后的宝宝，一般都会挑食，只吃自己喜欢或者习惯的食物。经常挑食的宝宝，会造成某种或几种营养素的缺乏，影响宝宝的健康和正常的生长发育，爸爸妈妈一定要帮助宝宝纠正挑食的坏习惯。

爸爸妈妈不表现自己的喜好

爸爸妈妈应该努力为宝宝习惯吃各种食物创造条件，即使自己不吃的某种食物，也要给宝宝吃，并且尽量不表现出来自己对某种食物的厌恶，绝不能因自己不吃而影响宝宝。

合理安排膳食

品种多样化，饮食花样更新，烹调时注意色、香、味、形俱全，引起宝宝对食物的兴趣。其中，特别要注意将新添加的食物或宝宝不喜欢吃的食物，与他喜爱的食物搭配到一起食用，耐心地诱导宝宝吃。

不拿食物作奖励

爸爸妈妈不能以某种宝宝喜欢吃的食物作为奖励，这样会助长宝宝挑食的毛病。

避免摄入致敏食物

1岁以后的宝宝，能吃的东西已经很多，在调整食谱时要注意避免摄入易致敏食物，以免引起过敏。过敏的表现为湿疹、荨麻疹（在皮肤上出现风团块）、血管神经性水肿，有些宝宝甚至会出现腹痛、腹泻或哮喘。

如果宝宝对某种食物过敏，最好的办法就是在相当长的时间内让宝宝避免吃这种食物。但不是终身不能吃，隔1~3个月，宝宝长大一些，消化能力增强，免疫功能更趋于完善后，再尝试这种食物，有可能逐渐脱敏。

最常引起过敏的食物是异性蛋白食物，如螃蟹、虾、鱼类、动物内脏、鸡蛋（尤其是蛋清）等；有些宝宝也对某些蔬菜过敏，比如扁豆、毛豆、黄豆等豆类和菌藻类（如蘑菇、黑木耳、海带等）；有些芳香类菜如芫荽（香菜）、韭菜等也会引起过敏；还有一些热带水果，如芒果、猕猴桃、菠萝等也会引起宝宝过敏。

芒果等热带水果也易引起过敏，易过敏宝宝要慎食。

如何为宝宝挑选合适的零食

育儿误区 给宝宝吃巧克力

- 巧克力可以补充能量，而且香甜可口，宝宝非常喜欢吃。但巧克力含脂肪较高，蛋白质较少，钙、磷比例也不合适，含糖量也较多，不符合宝宝生长发育的需要。

- 巧克力中的咖啡因会使大脑兴奋，让宝宝多动、易哭闹，也会影响宝宝的睡眠。所以爸爸妈妈不要因为宝宝的一时哭闹就给宝宝吃巧克力。

不吃"垃圾食品"

　　准备一些健康零食，定时提供给宝宝，从而让宝宝能够具备分辨并抵制"垃圾食品"的能力。爸爸妈妈也应以身作则，自己不吃垃圾食品。此外，要培养宝宝良好的进餐习惯，饭前不吃零食。

选幼儿零食时的注意事项

- 注意品牌，尽量选择规模较大、产品质量和服务质量较好的品牌。

- 选择不含糖（或含量较少的）、香精、色素等食品添加剂的健康零食。

幼儿零食选择有讲究

1 天然成分的零食最好：制作的材料取自于新鲜蔬菜、水果及肉蛋类，不加人工色素、防腐剂、乳化剂、调味剂及香味素，即使有甜味也是天然的。

2 适龄性：宝宝的消化功能是在出生后才逐渐发育完善的，即在不同的阶段胃肠只能适应不同的食物，所以选购时，一定要考虑宝宝的月龄和消化情况。

3 注意外包装：看包装上的标识是否齐全。按国家食品包装标准规定，在外包装上必须标明厂名、厂址、生产日期、保质期、执行标准、商标、净含量、配料表、营养成分表及食用方法等项目，若缺少上述任何一项都不规范。

4 注意营养元素的全面性：看营养成分表中标明的营养成分是否齐全，含量是否合理，有无对宝宝健康不利的成分。人体的生理构成很复杂，所需的营养成分也是多样化的，一般单一食物不能满足宝宝的所有营养需要，所以膳食要多样化。

家长可以用新鲜蔬菜给宝宝做零食，为宝宝补充营养。

儿科医生说
儿童不宜吃的食物

小巧的水果：圣女果、葡萄等这类水果比较小，宝宝在吃的时候要特别注意不能整个吞，不然很容易噎着。

糖果：无论是硬糖还是软糖，都很容易被吸入气管，引起窒息，而且对牙齿不好，所以要尽量少给宝宝吃糖。

坚果：宝宝可能不会咀嚼，还没咀嚼好就把食物吞下去，这样就很容易卡进气管。

果冻：家长们可以把果冻这类胶状食物拉进黑名单，这类食物含有各种添加剂，不易嚼碎还容易堵塞气管。

适合宝宝的健康零食

市售的幼儿零食实在太多了，该怎么挑呢？爸爸妈妈在给宝宝挑选零食时一定要选健康的、营养丰富的，从小培养宝宝远离垃圾食品。

宝宝健康零食推荐

1 补钙乳制品：酸奶、奶酪是适合的宝宝零食，富含钙、磷、镁、铜等矿物质、蛋白质、脂肪和维生素 B_1、维生素 B_2。蛋白质经有益菌发酵更利于吸收，乳酸杆菌等健康菌群还能帮助调理宝宝的肠道，应为首选。

2 新鲜水果和蔬菜：切成小块或小片的新鲜黄瓜、苹果、哈密瓜、草莓、西瓜等，富含维生素 C、膳食纤维，在补充营养的同时，还可锻炼宝宝自己拿东西吃的技能，以及对蔬菜水果的兴趣，一举多得。但是，千万要洗净小手才能抓着吃。

3 麦香小面包：2 岁以内的宝宝，宜选用松软的切片吐司面包或奶香小餐包，切成手指大小的条状以便咀嚼；2 岁以上的宝宝，可以选用杂粮面包或者全麦面包，以帮助他们摄入更多的膳食纤维和 B 族维生素。

4 健康小饮品：豆浆、南瓜百合羹、牛奶玉米汁（需要煮熟过滤）、绿豆沙、菊花水、山楂水等，都是优于瓶装饮料的健康饮品。

给宝宝喝豆浆时不宜放糖，以免导致宝宝挑食。

不给宝宝吃有损智力的食物

合理地给宝宝补充一些营养食物，可以起到健脑益智的作用。但是，如果不注意食物的选择，宝宝爱吃什么就让他吃什么，反而会有损大脑的发育，给宝宝今后的成长带来不利影响。

过咸食物： 会损伤动脉血管，影响脑组织的血液供应，造成脑细胞的缺血缺氧，导致记忆力下降、智力迟钝。

含铝食物： 如油条、油饼等，经常给宝宝吃这些含铝量高的食物，会造成记忆力下降、反应迟钝。

生冷海鲜： 如生鱼片、生蚝等海鲜，即使新鲜，但未经烹煮，容易发生感染及引发过敏的现象。被污染的海鲜中含铅量高，生食后会直接损伤宝宝的脑细胞。

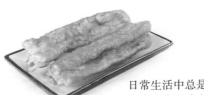

日常生活中总是有一些好吃但不健康的食物，爸爸妈妈不要让宝宝吃这类食物。

儿科医生说 少给宝宝喝冷饮

- 宝宝对冷饮有特殊的偏爱，而且百吃不厌，家长往往认为只要宝宝喜欢吃，就给予满足，其实这样做会对宝宝健康不利。大量的冷饮进入胃中，胃液会因被稀释而减弱杀菌能力。

- 有些宝宝的肠胃对冷刺激比较敏感，喝较多的冷饮后，胃黏膜受损，容易出现胃痉挛。冷饮还会导致胃酸、胃消化酶大量减少，既影响了食物的消化，又因刺激使胃肠蠕动加快，大便变得稀薄、次数增多而致腹泻。另外，冷饮中含有大量的糖，会使宝宝食欲不振。

- 家长给宝宝喝冷饮要适量，少量尝尝味道即可，而且不要安排在饭前或睡前。容易腹泻或正在腹泻的宝宝更不应喝冷饮。

零食不能代替辅食

　　宝宝之所以不肯乖乖坐下吃饭，有时是因为他不饿，这跟宝宝吃了太多零食有关，虽然少食多餐是最有利于宝宝的饮食方式，但是正餐之外的零食不可太多，尤其是正餐前一两个小时最好别让宝宝吃零食，以免到正餐时吃不下。零食只能起到加餐的作用，妈妈千万不要偷懒用零食代替辅食，还是要用心为宝宝准备辅食。

辅食推荐

冬瓜丸子汤

原料：冬瓜 100 克，猪瘦肉末 50 克，盐、水淀粉、葱末各适量。

做法：①冬瓜洗净，去皮和瓤，切薄片；肉末放入盆内，加入盐、水淀粉搅拌均匀，捏成丸子。②油锅烧热，加入冬瓜煸炒，加盐，再加适量水煮沸，将丸子放入锅中，烧至丸子熟、冬瓜软烂入味，撒上葱末即可。

五彩什锦饭

原料：大米、鸡胸肉各 30 克，胡萝卜、鲜蘑菇各 20 克，青豆 10 克，盐适量。

做法：①鸡胸肉洗净，切成小丁；胡萝卜洗净，去皮，切成粒；鲜蘑菇洗净，切碎备用。②大米、青豆均洗净（为防止宝宝被青豆呛着，可以将青豆捣碎）。③把鸡胸肉丁、胡萝卜粒、鲜蘑菇碎放到锅里，然后放入大米、青豆和适量盐，用电饭煲蒸熟即可。

菠萝羹

原料：鲜菠萝肉 250 克，桃 30 克，藕粉 15 克，冰糖适量。

做法：①把鲜菠萝肉切成小丁；桃去皮洗净，切成与菠萝大小一样的丁；藕粉用少许清水稀释调好备用。②将菠萝丁放入锅内，加入冰糖和适量清水置火上烧开，然后下入桃丁，待再烧开后，用小火煨两三分钟。③倒入调好的藕粉，边倒边搅匀，开锅后离火，凉凉后即可给宝宝食用。

护理

宝宝的衣食住行都离不开爸爸妈妈的关照，小时候被父母照顾得好的孩子长大后会是个性格健全、温暖阳光的人。

保护宝宝的小屁股

随着宝宝的成长，父母对其要照顾的方面也多了，比如看着他走路别摔倒、别磕着，户外活动穿合适的衣服，保证宝宝成长所需的营养等。除了这些，还要关注宝宝的卫生情况、生活习惯等方面。总之，无论大事、小事，都需要父母留心。一分耕耘，一分收获，细致的照顾定然可以让宝宝更聪明、更健康。

别再让宝宝穿开裆裤

1 岁多的宝宝已经能站立并开始学习行走。在这个阶段，白天已很少用尿布了，可是由于宝宝此时步态不稳，最容易在地上爬、地上坐，而地上往往很脏，身体暴露部位易受污物侵染而引发疾病。

易引发疾病：随着宝宝的长大，宝宝的活动范围也随之扩大，穿开裆裤使臀部裸露在外，前后通风，细菌容易趁虚而入，尤其是女宝宝外阴部由于生理的原因和开裆裤的暴露性更容易被感染，易患尿道炎、膀胱炎等。

不利于生殖器官健康：宝宝穿开裆裤使臀部、外阴部暴露在外，在宝宝活动时，容易被锐器扎伤。

养成不良习惯：宝宝穿开裆裤时间长还会养成大小便不规律和随地大小便的不良习惯。男宝宝容易玩弄生殖器而养成不良习惯。

开裆裤有利有弊

宝宝小的时候拉尿的次数比较多，且自己不能控制大小便，穿开裆裤比较方便父母换洗，但宝宝 1 周岁以后，自己可以控制住大小便而且会表达，所以就不必再穿开裆裤了。

儿科医生说 夏天也不要给宝宝穿开裆裤

宝宝会爬会走以后，不提倡给宝宝穿开裆裤，因为穿开裆裤有很多隐患：

- 容易引起生殖器官感染。
- 增加生殖器官伤害的概率。
- 增加宝宝肠源性感染的概率。
- 对宝宝隐私意识的建立不利。

对于孩子来说，从小不暴露生殖器的穿着方式，会让孩子形成隐私的概念，明白身体的哪些部位是不能公开让人看、让人摸的，这也是预防孩子被性侵犯的重要途径。

训练宝宝大小便

宝宝通常在 1.5~2 周岁时有控制大小便的能力，过早给宝宝把尿把屎对宝宝训练大小便没有帮助，只有顺应宝宝的生长发育规律，找准时机才能事半功倍。

首先，应选择一个合适的便盆。可以买一个专门为幼儿设计的便盆，这样既舒适，又方便。

其次，要注意培养宝宝定时大便的习惯。每天清晨或晚间培养他坐便盆解大便的习惯，避免便秘发生。

最后，注意养成良好的便后卫生习惯。排便后教宝宝将手洗干净，养成良好的卫生习惯。

湿纸巾不宜经常使用

湿纸巾含有多种添加剂和化学成分，宝宝接触过多的防腐剂、酒精等成分，很容易引发接触性皮炎或皮肤过敏。而且大多数爸爸妈妈用了湿纸巾后就不会再去洗手，化学成分就会残留在手上，再触摸宝宝，会对宝宝有不利影响。

如果外出不方便，不得不使用湿纸巾时，一定要注意选用合格产品。此外还要注意湿纸巾不要重复使用，这样非但不能清除细菌，反而会将一些存活的细菌转移到未被污染的表面。

不要用湿纸巾直接擦宝宝眼睛、耳朵及黏膜处。如果使用湿纸巾后宝宝出现皮肤红肿、发痒等刺激反应时要及时用清水冲洗，情况严重时，应及时就医。

定时如厕，有益于宝宝消化系统的健康。

让老人护理宝宝的注意事项

- 隔代教育不能替代亲子教育，年轻的爸爸妈妈不能把宝宝完全推给老人，要尽可能抽出时间陪伴宝宝，让宝宝同时在隔代教育和亲子教育两条轨道上成长。

- 爸爸妈妈在空闲或下班的时间，可多带宝宝出去玩耍，带宝宝多见识外面的世界。还可以多和宝宝一起做游戏，让宝宝觉得和爸爸妈妈一起玩非常有趣，增进亲子感情。

让老人照顾好宝宝，重在协调

隔代教育的利弊不能一概而论。老人带宝宝不一定就比年轻的爸爸妈妈好，也不一定比年轻爸爸妈妈差，关键还是在于协调。

隔代教育，应看成是一种两代人之间的合作，大家必须达成共识，否则贸然在一起肯定会出问题。出了问题就要去协调沟通，不能各持己见，特别不能当着宝宝的面去争执。两代爸爸妈妈要互相表达彼此的想法，心平气和地去交谈。

有意见的更多的是年轻的爸爸妈妈，当对老人的教育不满时要去想办法沟通，否则就该自己多带宝宝、多教育宝宝，相比之下，老人经验多、有耐心，他们能更好地护理宝宝。年轻的爸爸妈妈首先应尊重老人，体贴老人带宝宝的辛苦。

让老人带孩子的优点和弊端

优点：

1 经验丰富：毕竟是养育过孩子的，老人在育儿方面也有自己独到的经验，有一定的可取之处。

2 时间充足：相比起繁忙的年轻的爸爸妈妈，老人们照顾宝宝的时间更加充足，能陪伴宝宝，能满足宝宝吃喝方面的需求。

3 相对放心：比起请来的保姆，老人们的照顾更真心、真诚。有老人们照顾，宝妈们能更安心，不用担心虐待事件的出现，而且老人也远比陌生人体贴，可以避免一些潜在的危险。

弊端：

1 经验过时：因为年代所限，育儿理念跟不上时代发展，虽然有一颗真挚的心，但也迷信诸如不吃盐没力气、摇晃宝宝更容易入眠等错误认知，因此可能在无意中对宝宝造成了伤害。所以年轻的爸爸妈妈需要及时和老人沟通、纠正。

2 纵容孩子：老人们在带孩子时会更加宠溺和过度保护，不分对错满足宝宝的要求，造成宝宝骄纵任性的坏毛病。

3 教育方法滞后：随着社会和时代的发展，教育孩子的理念也在不断进步、升级，老人们的教育方法太教条，不能正确引导孩子。

儿科医生说
老人不适合带宝宝的情况

迷信思想严重：有的老人迷信，动不动就给宝宝"叫"一下，认为这样才能使宝宝神智清明。

包办宝宝的所有事：喂饭包办，其他大小事都帮宝宝做，不利于宝宝独立性养成。

背地里跟宝宝说爸爸或妈妈不好：有些老人总在背地里跟宝宝说他爸爸或妈妈的缺点，这样不利于亲子感情的发展。

限制宝宝的自由：过于谨慎，不让宝宝自由探索。宝宝的好奇心得不到满足，容易犯错。

别让宝宝把手机当玩具

不要给宝宝玩手机

不知道从什么时候开始，手机也悄悄变成了宝宝的一种玩具。殊不知，在宝宝玩手机时不知不觉中产生了一些不良影响，因此家长一定要控制宝宝玩手机的时间，合理引导宝宝正确使用手机。

宝宝玩手机的危害

1 造成语言发展障碍：因为电子产品对于孩子来说，接收的信息都是单向的，孩子的语言、沟通能力得不到双向的培养。

2 养成阴郁冷漠的性格：长期痴迷于手机，易养成焦虑抑郁的不健全性格。

3 让宝宝叛逆：不会正确地表达自己的情感，不会与别人沟通，不听父母的管教。

4 影响宝宝生长发育：长期保持一个姿势看手机，影响孩子骨骼和肌肉的正常发育。

育儿误区 家长总是玩手机

- 作为家长的你可能没意识到，总在宝宝面前玩手机对宝宝的危害。

- 影响宝宝的心理健康，父母在陪伴宝宝时玩手机，是对宝宝感情上的冷漠。

- 父母的行为直接影响着宝宝的行为，让宝宝也沉迷于手机。

- 宝宝容易产生自闭和焦虑倾向，从而产生社交障碍。

- 使亲子关系变得疏离，当宝宝有沟通欲望的时候，父母都各自捧着手机玩，缺乏交流，宝宝就有被忽略的感觉，觉得自己没有手机重要。

睡眠

宝宝长到1岁多时，家长要有意识地培养宝宝良好的作息习惯，这对宝宝成长很重要。只有睡眠时间充足，才能给身体充足的条件生长。

合理安排宝宝的睡眠时间

随着宝宝逐渐长大，睡眠时间开始缩短。1岁半以后的宝宝会逐渐缩短上午睡觉的时间，慢慢变成上午不睡、午后睡一觉。父母可根据作息制度，将宝宝白天的睡眠安排在午饭后，睡眠时间以2~3小时为宜。

晚上宜早睡

宝宝宜早睡，早睡有利于身高增长，因为夜间分泌的生长激素较多。以下几种方法有助于宝宝入睡。

规律的睡前程序：让宝宝吃了晚饭后洗澡，然后妈妈带着宝宝在床上播放他喜欢的儿歌或音乐，让宝宝在安静温馨的环境中早早休息。

妈妈哄睡：如果宝宝睡不着，妈妈可以轻轻抚摸他，或轻轻握住宝宝的一只手，也可以和着音乐哼唱。有妈妈陪在身边，宝宝会很有安全感。如果宝宝还是很想玩，不妨留一盏小灯，让宝宝一个人在床上玩，妈妈假装睡觉，这样宝宝玩了一会儿自然就会睡觉了。

用催眠曲提醒宝宝该睡觉了：需要特别提醒妈妈，睡觉时播放的儿歌或音乐只用来做催眠，这样宝宝会知道妈妈放这个音乐代表他要睡觉了。带宝宝睡觉也最好只有妈妈和宝宝两个人，人多了会让宝宝兴奋。

早睡早起也适用于宝宝

早睡早起保证宝宝白天的精力和体力，能够明显改善白天瞌睡、磨人以及焦躁的现象。

儿科医生说 为什么要让宝宝晚上早睡?

- 宝宝在睡眠状态下,下丘脑会分泌大量生长激素,这些激素能够刺激骨关节的生长。生长激素不是孩子一睡着就大量分泌,而是在熟睡一个小时后才开始大量分泌。

- 夜晚 10 点至凌晨 1 点之间,是生长激素分泌的高峰期。在这个时间段内,宝宝如果没有熟睡,就会影响他的生长。所以晚上要让宝宝早睡,尽量晚上九点左右就让宝宝睡觉,提前准备好睡觉的环境,有利于宝宝快速进入睡眠。

和宝宝分床睡

有研究发现当婴儿和父母睡在同一个房间,而非同一张床时,猝死综合征发生的概率会下降。所以,美国儿科学会建议,婴儿和父母睡在同一个房间的两张床上,保持在伸手就能够到的距离,是最合适的。既保证了安全,又使得父母夜里照料婴儿不太麻烦。宝宝自己睡,环境更安静,也有助于宝宝学会自主入睡,提高睡眠质量。

无须担心宝宝自己睡不着

让宝宝建立良好的睡眠习惯,保证优质的睡眠可以促进宝宝大脑及身体的发育。妈妈每天为宝宝建立可形成秩序感的就寝程序,比如洗澡→按摩→最后一遍喂奶→漱口→睡前故事或儿歌→陪宝宝说说话→宝宝自己睡觉。让宝宝形成自己入睡的习惯,这个月龄段的宝宝经过引导是完全可以做到的。

调整生活习惯,让宝宝安睡好梦

看到宝宝睡梦中哭着醒来,或在睡眠中大哭大叫,妈妈是不是很紧张?不用着急,宝宝可能是做噩梦了,其实爸爸妈妈可以试着帮助宝宝调节日常的一些生活习惯,从而改善睡眠质量。

- 临睡前,让宝宝喝一杯温热的配方奶、刷牙、洗脸,换上睡衣,用特定的睡前"仪式"提醒宝宝该睡觉了。

- 选一件宝宝喜爱的玩具放在床头,让它伴随宝宝入睡,如柔软的毯子或玩具娃娃。

- 关掉客厅的电灯、电视,卧室只留一盏小夜灯,待宝宝睡熟后再关闭。

- 讲一段温馨的睡前故事,放一段睡前音乐或催眠曲,并在半小时后关闭音乐。

在宝宝有睡意的时候就让宝宝躺在床上,养成宝宝独立入睡的习惯。

疾病与不适

1岁多的宝宝喜欢跑来跑去的，还喜欢自己做事情，会模仿大人的行为。这时期，保护宝宝的安全更具挑战性，爸爸妈妈应时刻留意宝宝的活动，以防发生意外。

蛔虫病

1~2岁的宝宝易感染蛔虫，主要症状是突然腹痛，出冷汗、面色苍白，此外还出现多食、厌食和偏食，或有异食癖，也有的宝宝平时吃饭正常但仍很消瘦，严重时可引起智力发育迟缓等。爸爸妈妈在照顾宝宝时，要注意卫生，同时帮孩子养成讲卫生的好习惯，而且要时刻准备应对宝宝的不适症状，采取正确的措施。

注意饮食卫生：教会宝宝饭前便后要洗手；爸爸妈妈也要定期给宝宝修剪指甲，避免藏污纳垢；不让宝宝吃未洗净的蔬菜瓜果。

吃驱虫药：如果出现蛔虫病症状，应在医生的指导下吃驱虫药，注意严格用药，不可多服。

去医院治疗：如果出现便秘或不排便、腹胀、腹部摸到条索状包块时，可能发生了蛔虫性肠梗阻，则要马上入院进行静脉注射、灌肠或其他治疗。

常洗手，预防病从口入

妈妈平时要引导宝宝注意饮食和个人卫生，没洗手之前不要抓食物、不吃未洗净的蔬果、不喝生水等，做到这些有利于减少蛔虫感染概率。

儿科医生说 蛔虫病的危害

- 蛔虫病对宝宝身体的危害是很大的，蛔虫寄生在宝宝的肠道中，会吸收体内的营养，使宝宝出现胃口差、日渐消瘦等症状。

- 蛔虫还会分泌毒素，影响患者的精神情绪，影响宝宝大脑的发育。严重的会出现贫血症，堵塞肠道，可致肠坏死，如遇这种情况应尽快去医院治疗。

- 蛔虫病的危害如此之大，所以平时爸爸妈妈一定要注意个人和宝宝的饮食卫生以及家居环境的卫生，以杜绝蛔虫病。

厌食症

厌食症是指宝宝较长时间的食欲缺乏，长期厌食会影响生长发育。所以家长要密切关注宝宝的饮食情况，发现异常，要及早诊断和治疗。

病因

不良的饮食习惯是导致厌食症的根本原因，如高蛋白高糖饮食，饭前吃糖果等零食，以及进食不定时、生活不规律等外部因素。

危害

各种营养素摄取不足，不但会影响小儿的正常生长发育，还会使生长发育停滞，并影响小儿的正常免疫系统，容易生病，因此决不可轻视小儿厌食症。

治疗

在医生的建议下选择一些调理的药物来治疗；保持荤素搭配营养均衡，尽量避免孩子吃零食；要加强锻炼身体，加快新陈代谢，可以增进食欲，增强身体抵抗力。

异食癖

异食癖是指婴幼儿时期在进食过程中逐渐出现的一种特殊的嗜好，比如喜欢吃煤渣、土块、墙泥、砂石、肥皂、纸张等。

病因

1 营养不良，如缺乏锌、铁等会引起很多人体器官和组织的生理功能异常。

2 肠道寄生虫，如感染蛔虫、钩虫等肠道寄生虫。

3 宝宝的需要得不到满足，也会出现异食癖的症状。

治疗

1 加强营养，咨询医生对症服用药物和维生素等。

2 寄生虫引起的异食癖，可通过吃打虫药来治疗。

3 给宝宝充足的关爱，全面满足他的情感和心理需求。

鼻出血

宝宝鼻黏膜血管很丰富,有些地方汇集成血管网,血管弯曲扩张,在鼻部外伤以及打喷嚏时,都可能使曲张的血管破裂出血。

宝宝发生鼻出血时,爸爸妈妈先稳定自己的情绪,安抚惊慌大哭的宝宝,让宝宝头微向前倾,用拇指和食指捏住鼻翼上方较柔软的地方,加压止血 10 分钟,中途不要松开手指查看是否止血;若加压止血 10 分钟,仍流血,重复上述动作继续加压 10 分钟。还可以用冰毛巾冰敷鼻梁,能降低血压减少血流。30 分钟未止血需要及早就医。

宝宝流鼻血的原因

1 环境因素:宝宝所处环境太干燥、炎热,使得鼻腔内黏膜不舒服,宝宝会去揉鼻子,从而引起流鼻血的情况。因此,爸爸妈妈要保持室内通风,温度、湿度适宜。

2 缺乏维生素:宝宝缺少维生素也容易流鼻血,因此,爸爸妈妈一定要给宝宝补充营养,使身体内营养均衡,不能纵容宝宝挑食、偏食。

3 鼻腔黏膜脆弱:宝宝鼻腔较为脆弱,容易因为外界的撞击而受伤,因此,爸爸妈妈一定要照顾好宝宝,把家里坚硬的桌角用东西包裹住,以免宝宝的鼻子不小心撞到而流鼻血。

4 疾病因素:宝宝经常性流鼻血,可能是患有鼻炎、鼻结核等疾病,因此爸爸妈妈一定要带宝宝去医院做一番检查,找到流鼻血的原因,积极配合医生对症治疗。

育儿误区 鼻血止住后过早拿掉棉塞

- 鼻血止住后,因为害怕阻碍宝宝呼吸,所以爸爸妈妈总是马上把棉塞从鼻子里取出,其实在宝宝没睡觉的情况下,棉塞要保留一段时间,一般过 20~30 分钟等鼻血不流时,方可取出。

- 宝宝鼻出血时,家长通常用卫生纸堵住宝宝的鼻孔,其实这是不卫生的。尽量用消过毒的棉球或医用纱布,平时的小药箱里要常备这些东西,以备不时之需。

儿科医生说 宝宝流鼻血的危害

- 引起贫血:如果总是流鼻血,体内血液流失过多,会引发贫血。

- 使宝宝害怕:小宝宝一般害怕流血,如果经常发现自己流鼻血,会感觉害怕,不利于宝宝的身心健康。

- 记忆力下降:反复流鼻血导致记忆力下降,会影响宝宝的认知能力发展。

- 产生焦虑心理:小儿鼻出血还会造成恐惧、焦虑的心理,严重影响宝宝的身心健康和性格成长,还要考虑是否由疾病引起。

爸爸妈妈注意室内环境,可通过空调、加湿器等调节好室内湿度和温度。

手指被卡

宝宝探索欲望强，看到什么有孔的东西都想用手抠。1岁多的宝宝手指越来越灵活，特别喜欢把手指插到小孔里，所以不要把口小的瓶子和其他物品给宝宝玩。在看护宝宝的过程中，也要时刻留意宝宝的行为举动，及时制止有危险的行为。

宝宝手指被卡怎么办

1 一旦宝宝手指被卡住拿不出来，也不要慌张，可以试着涂一些肥皂水，减少摩擦力，然后再取出。

家长照顾宝宝真的是需要"眼观六路、耳听八方"，不能有一丝疏忽。

2 出现出血时，不要动伤口，马上去医院创伤外科治疗；如果红肿，可以先冷敷，然后观察情况，必要时去医院；如果宝宝大哭不止，一动就痛得要命，可能是骨折，必须马上去医院。

育儿误区 看护孩子时偷懒

- 有的家长在看护孩子时总要"放水"，不是玩手机就是跟别人聊天，把孩子忘到九霄云外。这种行为是非常不负责的，增加了孩子发生意外的机会。

- 有这种情况的家长要及时认识到自己的错误，以免宝宝发生意外伤害。

需要警惕宝宝可能发生的意外伤害

- 不小心摔倒，皮肤擦伤、瘀青。

- 被尖锐的东西扎伤。

- 手指被门缝夹出水疱。

- 扭伤、骨折。

- 烧烫伤。

- 宠物抓伤、咬伤。

培养宝宝好习惯、高情商

宝宝个性越来越强，可能会把所有玩具、零食据为己有，如果自己的要求得不到满足还会发脾气，这时父母要及时缓解宝宝的情绪，帮助宝宝养成良好的性格。

培养宝宝良好的行为习惯

宝宝的言行举止和气质从小就要开始培养，比如说话时吐字清晰、日常的礼貌用语等都需要父母循循善诱的引导。那么一起来看看需要注意的都有哪些吧！

宝宝口吃怎么纠正

口吃是一种常见的语言障碍，其中大多数随着年龄的增长可自愈，真正患口吃的宝宝只有 1%~4%。口吃的宝宝说话时重复、拖长音，还做各种怪动作，如挤眼、梗脖子、摇头等。当宝宝受到惊吓或家庭不和睦、环境突然改变的时候，都可能出现口吃。

不要给孩子压力：家长不要过分注意宝宝的语言缺陷，不要严厉地矫正，这样可以减轻他紧张的心理。在宽松的环境中，让宝宝与家长一起慢慢地、有节奏地说话或朗读，一旦他不口吃，就及时表扬、鼓励他。

进行语言训练：也可在与宝宝游戏时进行语言训练，让他体验说话是件很自然、很轻松的事情，而不是一件可怕的事情，即使有一点口吃也不用在乎，不必紧张。

儿科医生说 导致口吃的因素还有哪些

- **性格急躁：**口吃的小儿往往性格急躁、情绪不稳定，好冲动、说话不加思索，难免出现语言不连贯、重复、结巴。

- **缺乏表达能力：**小儿对词语理解不深，对事物的陈述没有条理，于是边说边支支吾吾、重复、结巴。

- **心理压力大：**家长或老师让回答问题，由于不会或不敢说致使讲起来结结巴巴。

- **语言训练不当：**有的家长觉得小孩子说话支支吾吾好玩，于是就逗孩子似的教连续发"啊……"音，反复重复可形成结巴。

- **模仿他人：**孩子看电视里有些动漫节目或电视剧中人物形象塑造为结巴，便好奇地模仿，养成了不良习惯。

- **家教过严：**有的家长与孩子说话板着脸，做错了事就责打，平时缺乏交流，使孩子见到家长就害怕，与家长说话时往往结巴。

和宝宝玩手偶游戏，有助于正向引导孩子讲话。

给宝宝一个独立、自由的成长环境

这个阶段的宝宝，独立意识开始萌芽，他们愿意努力去尝试做事情，尽管有时又力不从心。这时爸爸妈妈应当放手让宝宝独立去探索、发现，不管你内心有多担心和紧张，都应当给宝宝一个独立、自由的成长环境，这是宝宝成长的必由之路。

爸爸妈妈应当怎样做

布置一个能满足宝宝需求的生活空间，安全而富有创意，让宝宝在其中自由地发挥他的才干。外出游玩时，可叮嘱宝宝自己拿上帽子、手套等小物件。宝宝的玩具让他按自己的想法整理，即使摆得一塌糊涂，妈妈也不要训斥。去公园时，让宝宝在安全范围内自由活动，父母不必寸步不离地跟着他。

宝宝自己的玩具要尊重宝宝的意愿，由宝宝自己决定放在哪里，允许宝宝有自己的独立空间。

不要限制他与小朋友的交往

这个年龄段的宝宝，与小朋友在一起争玩具，推一下、碰一下在所难免，不要怕宝宝受到伤害，而不带他跟小朋友去玩。只有在与小朋友们接触的过程中，宝宝的适应能力才会得到提高，独立意识才会增强。

养成宝宝诚实的性格

宝宝模仿能力强，爸爸妈妈的言行对宝宝诚实性格的形成至关重要，所以爸爸妈妈要给宝宝树立诚实的榜样。同时，还要正确对待宝宝的过错。宝宝做错事是很自然的，要态度温和地鼓励宝宝说出事情的真相，承认错误，改正错误。对宝宝提出的合理要求与愿望要尽量满足，如一时无法满足，也要向宝宝说明原因。相反，如果一味拒绝或迁就，容易造成宝宝说谎或背着大人做错事。

培养宝宝高情商

别当着宝宝的面吵架

自从有了宝宝后，爸爸妈妈便有了新的磨合期。因为观点的不合，或者遇到不顺心的时候，很容易发生争吵，殊不知，在一边的宝宝也会受到影响。

爸爸妈妈吵架对宝宝的具体影响

1 使宝宝的情绪受到强烈冲击：吵架时，爸爸妈妈往日的温柔、亲切不复存在，这种巨大的转变容易吓着宝宝。

2 使宝宝缺乏安全感：如果爸爸妈妈之间频繁发生"战争"，会对宝宝的安全感造成巨大伤害，影响今后的心理健康。

3 影响宝宝的个性发展：长期生活在不和睦的家庭中，会影响宝宝以后的性格。

4 给宝宝提供了坏榜样：宝宝的模仿能力很强，爸爸妈妈吵架时的神态、姿势、语气、用语做了坏榜样，给宝宝造成负面影响。

5 容易使宝宝陷入人际交往障碍：宝宝在充满冲突的家庭中生活，容易变得退缩、自卑。与人交往时往往不自信、不主动，不能很好地与人建立信任关系，容易陷入人际交往障碍。

争吵过后要安抚宝宝情绪

如果不小心当着宝宝的面吵架了，一定要及时安抚受惊吓的宝宝，爸爸妈妈可以给宝宝一个拥抱、亲吻来传达对宝宝的关爱，让宝宝安心。同时当着宝宝的面和好，向宝宝表明，吵架已经过去，爸爸妈妈不再吵架了。

育儿误区 当着宝宝的面争吵

- 当着宝宝的面吵，也许父母觉得无所谓，只是一件小事，不用小题大做，可是却不知这对宝宝的伤害是超乎想象的。会给宝宝造成诸多影响，对性格形成、以后的婚姻观都会产生无形的影响。所以，爸爸妈妈尽量不要当着宝宝的面争吵。

儿科医生说 吵架不伤害孩子的方法

- 对事不对人：把矛盾说开，合理表达各自的感受，就事论事，不要上升到人身攻击。

- 不用吵出胜负：吵架的源头是因为有问题，有问题就要解决，以解决问题为出发点，胜负没有意义。

- 在乎孩子的感受：在吵架时务必留心孩子的感受，如果孩子害怕或是躲避，表现出一系列的焦虑情绪，大人要反思自己的行为。

- 让孩子看到合理的解决问题的方法：让孩子知道事情是需要讨论的，每个人可以表达不同的意见，要合理解决冲突，让孩子从中受益。

- 不要把孩子拉入"战争"：别让孩子加入"战争"，甚至站队，这样对解决问题没有帮助。

正确对待宝宝的独占行为

1~2 岁的宝宝正是自我意识萌芽和建立的关键期，这个时期的宝宝正是通过自己的东西来建立自我的概念。家长要做好引导，如果宝宝不想要分享，暂时不要强迫他分享。可以通过讲故事的方式感受分享带来的喜悦，只要宝宝明白了妈妈的意思，相信也会乐于分享的。

在游戏中学会分享

1 爸爸妈妈可在日常生活中给宝宝做良好的示范，把食品、物品和家人进行分享，示范的同时建立宝宝分享的意识。

2 鼓励宝宝和其他小朋友一起玩耍、一起分享玩具，如果宝宝把自己的零食或玩具分享给小朋友，父母要及时肯定和赞赏。

3 从小培养宝宝的物品归属概念，让他能分清"我的""你的""大家的"。

育儿误区 强迫宝宝分享

- 如果强行让宝宝进行分享，反而让宝宝建立了对自己所属物品的不安全感，就真的不愿意分享了。

- 对于 1~2 岁的宝宝，属于他的物品，愿意分享就分享，不愿意分享就不要强行分享，否则会适得其反，让宝宝变得"自私"，逐渐养成独占行为。

引导宝宝学会分享

- 让宝宝体会到自己玩不如和小朋友一起玩时高兴。

- 跟小朋友一起玩时可以交换玩具玩，获得玩不同玩具的乐趣。

- 多带宝宝和同龄小宝宝一起玩，体会到分享玩具的快乐。

宝宝可以在和别的小朋友一起玩玩具的时候，体会到分享和合作的乐趣，因此家长要多带宝宝和其他小朋友一起玩。

妈妈提问医生答

爸爸妈妈在照顾 1 岁多的宝宝时，会遇到一些麻烦，也会发现宝宝有些新状况，如宝宝不爱吃饭，说话晚，总是做噩梦等，面对新的挑战，爸爸妈妈要随机应变，见招拆招。

饮食健康 | 宝宝从蹒跚学步到独立行走，每天跑来跑去能量消耗得多了，自然营养也要跟上，爸爸妈妈更要注意宝宝的良好的进餐习惯和饮食健康。

宝宝不爱吃饭是缺锌吗

宝宝不爱吃饭，妈妈要找到真正的原因，对症采取措施。

不爱吃饭不都是缺锌 看电视广告上说，宝宝不爱吃饭是缺锌，要补锌。实际上，这种说法太片面了。宝宝不爱吃饭的原因有很多：宝宝喉咙或口腔不适、吞咽能力、就餐环境不好等。因此，宝宝是否缺锌，应去医院做个诊断，不可随意买补锌的营养品来补充，以免补充不合理，对宝宝成长产生不利影响。

宝宝 1 岁身高体重参考

男宝宝的身高为 78.8~84.3 厘米，体重为 9.1~11.2 千克。
女宝宝的身高为 77.1~83.3 厘米，体重为 8.5~10.6 千克。

宝宝说话晚与智力有关吗

A 只要不是病理性的无须着急 由于个体的差异，宝宝在语言能力方面有开口早与晚、表达清晰与不清晰的区别。如果爸爸妈妈发现宝宝说话晚，要带宝宝去医院检查宝宝的听力是否有问题；检查宝宝的舌系带或者声带等发音器官有没有问题。如果上述都是正常的，那么宝宝说话晚或者语言发展较缓慢就与智力无关。平时注意多和宝宝沟通交流。

宝宝总是做噩梦怎么办

A 维持宝宝生活环境的平和 宝宝做噩梦是非常平常的事，可能是因为看了觉得害怕的画面或睡前有剧烈运动。只要做噩梦的频率和严重程度不足以影响他的作息就行。爸爸妈妈可以试着帮助宝宝调节日常的一些生活习惯，从而改善睡眠质量；给宝宝讲故事，听和谐轻松的音乐可帮宝宝缓解情绪。

误以为异常的情况

宝宝不爱喝奶了

有些宝宝到了幼儿期，不愿意喝配方奶，这并不是宝宝有什么问题。当宝宝无论如何也不愿意喝配方奶时，妈妈没有必要硬逼着宝宝喝，逼迫的结果只会让宝宝更讨厌喝配方奶。在宝宝不喝奶的这段时间内，可以通过肉、蛋来补充蛋白质。

宝宝"不合群"

对于喜欢独自玩耍的宝宝，爸爸妈妈会担心，宝宝是不是不合群呢？对于宝宝的这种"不合群"，爸爸妈妈要在态度上对宝宝亲近，生活上对宝宝体贴。尊重宝宝自身个性的同时，尽量引导宝宝和其他宝宝一起锻炼，一起做游戏，以培养宝宝热爱集体的性格。

第七章 2岁

2周岁的宝宝在语言表达、吃饭、穿衣、情绪表达等方面已经开始全面发展、全面提升，变成一个动作灵活、语言表达能力强、有着丰富情感的小可爱。这个时候的宝宝虽然动作依然没有那么协调，但是也在逐渐学习穿鞋袜等，可以自如地用勺吃饭，爸爸妈妈要继续帮助宝宝学习和锻炼；同时宝宝也开始养成自己的性格，但情绪控制能力不足，喜欢以自我为中心，爸妈要耐心地帮助宝宝进行纠正，学会分享，养成良好的性格和健康的行为习惯。

2 岁宝宝的五大能力

大运动 — 1

- 动作发育比以前成熟了很多，能熟练地跑，跑得较稳，动作协调，姿势正确；能自己跳，双脚同时落地，停下来时很平稳；能自由地骑小三轮脚踏车，向前进、向后退、转弯等。
- 能向前跳远，可以跳过小水沟。
- 能从一级台阶上跳下来。

2 — 精细运动

- 手指已经十分灵活了，手眼协调能力很强，可以将积木搭成高塔；会折纸；能自己使用筷子吃饭。
- 能握笔画出线条和曲线。
- 会拼几块不同图形的拼板。

语言交流能力 — 3

- 语言发展非常迅速，词汇迅速增多，会用语言与人交流，会用简单的形容词和代词，能够使用前、后、里、外等方位词。
- 能说出自己的姓名。
- 爱向大人提问，喜欢问为什么。

4 — 认知能力

- 随着思维的发展，逐渐产生简单的联想，并能按照自己的联想做出假想性的表演活动；分得清大和小、多和少。
- 喜欢色彩鲜艳的图画故事书。
- 爱看动画片。
- 分得清圆形、方形、三角形。

社会适应能力 — 5

- 学会对人有礼貌，会说"早""好""谢谢""再见"等；愿意帮妈妈做事情，如果分配给他一点事情做，他会很高兴；知道自己做错事后，会低头认错。
- 与小朋友做游戏时，懂得游戏的规则。
- 知道饭前、便后要洗手。

喂养

宝宝和成人一样能吃各种食物了，可以断奶了，家长在宝宝断奶期要尽量多给宝宝烹饪食物，加强宝宝的营养，重点补充蛋白质、维生素和膳食纤维。

科学断奶，宝宝开心妈妈放心

世界卫生组织（WHO）和联合国儿童基金会（UNICEF）建议母乳喂养至少两年，而中国营养学会也建议 7~24 月龄继续母乳喂养，因此，2 岁是宝宝断奶的最佳时机。2 岁的宝宝已逐渐适应母乳以外的食物，且宝宝牙齿和消化系统的发育已比较成熟，是断奶的好时机。

循序渐进给宝宝断奶

可以根据宝宝的实际情况，评估宝宝的心理状态、发育情况等来决定是否要断奶，如果宝宝配合，属于宝宝自己主动接受断奶。尝试自然离乳时，家长要帮助和引导宝宝一起努力接受断奶。

给宝宝心理准备：提前通过讲故事、玩游戏的方式来帮助宝宝做好断奶的心理准备，从而更好地接受断奶。

减少喂奶频率：可以采取渐减的方式，从每天喂 4 次减少到每天 3 次，等妈妈和宝宝都适应后，再逐渐减少，直到完全断掉母乳。

分散注意力：可以从白天宝宝精力较为旺盛、玩得高兴的时候，开始尝试断奶，这时宝宝的兴趣被其他事物所吸引，想不起来吃奶一事。

多陪宝宝玩，用新事物转移宝宝的注意力，玩得高兴自然想不起来吃奶一事了。

当宝宝想吃奶时怎么办

当宝宝想要吃奶时，可以通过玩游戏等方式来分散宝宝的注意力，多拥抱宝宝，让他知道即使没有喂奶，妈妈也依旧爱他陪伴他，这样可以减少宝宝的焦虑，不破坏宝宝的安全感。

儿科医生说 宝宝断奶后便秘怎么办

- 断奶后如果饮食不科学，可能会导致宝宝便秘。如果发生了宝宝便秘的情况也不必惊慌，严格遵照医生的科学建议就可以避免了。

- 宝宝的饮食一定要均衡，不能偏食，五谷杂粮以及各种水果蔬菜都应该均衡摄入。喝一点菜粥，以增加肠道内的膳食纤维，促进胃肠蠕动，通畅排便。

- 运动量不够有时也容易导致排便不畅，因此，要保证每日有一定的活动量。

断奶——宝宝和妈妈必过的心理关

宝宝断奶，是对宝宝和妈妈的一个重要考验。断奶时面对宝宝哭闹、妈妈的应对措施和心理承受能力，都是应该考虑和面对的问题。

宝宝断母乳时机选择很重要

给宝宝断母乳最好是自然离乳，2 岁的宝宝已具备消化多种食物的能力，而且配方奶和辅食能够满足宝宝生长发育需求。

断母乳要给宝宝一个适应期

在正式断奶之前，宝宝需要一个适应期，因为宝宝断母乳后可能很不适应，因而喂食要有耐心。2 岁的宝宝只要妈妈适当引导，在心理上也是可以接受断奶的。

断奶不要动摇，但要多陪宝宝

在断奶过程中妈妈不要优柔寡断，如果一看到宝宝哭闹就动摇断奶的决心，断了又吃，然后再断，这样对宝宝的心理健康是非常不利的。妈妈可以多陪陪宝宝，努力安抚宝宝不安的情绪。

断奶并不是说断就断

不做好断奶的前期准备，就突然不给宝宝吃母乳，会严重影响宝宝的情绪，甚至引起疾病。断奶要考虑以下因素：

1 避开炎热的天气。夏季气温高，宝宝食欲下降，影响营养素的吸收，使身体抵抗力减弱。

2 如果宝宝生病了，也应等到病愈后再断奶。

3 如果宝宝移居外地或更换看护人，也暂时不宜断母乳。

宝宝断奶后的饮食

断母乳，不断爱

爸爸妈妈只要做好准备工作，断奶只是宝宝成长的必修课，并不是一种残忍的道别。

妈妈首先要明确地告诉自己，断奶就是宝宝在长大，妈妈要做的是保证宝宝断奶期间依然有充足的营养供给，并且要在心理上安抚宝宝，让他明白，妈妈始终爱着他。

断奶断的是母乳，不是奶制品

断奶只是指断去母乳，不是指一切乳制品。3岁以前的宝宝，鱼、肉等动物蛋白质吃得不多，奶还是宝宝重要的食物。断母乳前要让宝宝习惯喝配方奶或纯奶（1岁以后的宝宝）。

不同月龄宝宝断奶期间怎么吃

1 满6月龄的宝宝：断母乳与辅食添加并行，白天，宝宝可以吃配方奶或吃辅食来代替一顿母乳，以此逐渐减掉白天的母乳次数。

2 满8月龄的宝宝：白天可以让宝宝少吃几次母乳，循序渐进，让宝宝渐渐断掉白天的母乳。

3 满1岁的宝宝：白天不妨多花点心思，用健康的烹饪方式做各种宝宝喜欢的食物；夜晚逐渐断夜奶，如果此时的夜奶起到的只是安抚作用，就可以尝试逐渐断掉夜奶。

4 满2岁的宝宝：饮食均衡、规律的2岁宝宝，活动量和活动范围更大，只要保证饮食规律、营养均衡，断掉白天的母乳自然而又简单。

儿科医生说
不哭不闹断母乳——自然离乳

花心思做辅食：把辅食做得色香味俱全，让宝宝喜欢吃辅食，自然减少对母乳的需求。

增加陪伴时间：妈妈要相应地增加陪伴宝宝的时间，经常和宝宝互动。

提前让宝宝适应奶瓶：可以让宝宝先适应奶瓶，奶瓶吸吮起来不费力，减少母乳喂养的次数。

丰富宝宝的生活：爸爸可以多带宝宝出去玩，转移宝宝对妈妈的关注和依赖。

不要强行哄骗断奶：这样会对宝宝的心理造成创伤，影响亲子感情。

断奶后宝宝辅食怎么添加

断奶后，正是宝宝快速生长发育的时期，需要全面足量的营养，所以饮食一定要注意搭配，合理的营养能使宝宝更健壮。除此之外，还要注意辅食要做得好看，注意颜色、形状等的搭配，以引起宝宝的注意力和食欲。

宝宝辅食不等同大人饭菜

宝宝断母乳后不能全部食用谷类食物，要注意饮食搭配均衡，也不能与成人吃相同饭菜。

1 主食应给宝宝吃稠粥、烂饭、面条、馄饨、包子等，每日约需 100 克，随着月龄增长而逐渐增加。

宝宝主食要多样化，而且要软、易消化。

2 副食可包括鱼、瘦肉、肝类、蛋类、虾皮、豆制品及各种蔬菜等。

3 水果可根据具体情况适量添加。

育儿误区 宝宝吃汤泡饭更容易消化

- 宝宝初学吃饭，妈妈总觉得宝宝嘴里干，于是给宝宝喝汤，饭几乎是被冲下去的。

- 食物被冲下去，会增加胃肠消化、吸收的工作量，久而久之，消化吸收的功能就会受到影响。

- 汤泡饭中大量的水分会稀释唾液和胃液，减弱胃消化食物的能力。

断奶后的饮食注意事项

- 少吃多餐，宝宝的胃很小，一餐不能吃得太多，最好的方法是每天"三正餐两点心"。

- 养成良好的饮食习惯，防止挑食、偏食。要避免边走边喂、吃吃停停的坏习惯。

- 零食少吃，正餐之外，不要再给宝宝零食。多吃零食会影响宝宝的食欲和进餐质量，反而容易导致营养失调或营养缺乏症。

宝宝的生长发育和饮食情况

育儿误区 过于着急宝宝长得慢，"揠苗助长"

- 虽然说补品对人们的身体有补益的作用，但是如果食用时间长了，会导致宝宝的骨骺线提前闭合，造成宝宝的生长时间缩短。也就是说，宝宝的身高长得可能还没有正常生长得要高，这种行为无异于揠苗助长。

- 想让宝宝长高还是要通过科学合理的方法，如通过食补保证营养充足，加强身体锻炼。

宝宝吃得也不少，为什么不见长呢

体重是衡量身体健康状况的一个重要标志，健康状况好的宝宝，其体重会随着年龄的增长而同步增加。宝宝这个时期的生长速度没有 1 周岁前生长的速度快了，家长不能过于心急，要尊重宝宝的生长规律。同时，也不要过于放松，如果真的是生长速度过慢要采取积极的应对措施。

关注宝宝的情况，多方对比

- 不要只是看着宝宝长得慢就着急，注意体检的标准范围和其他同龄宝宝的生长情况。

- 通过询问医生和做相关检查，给宝宝充足的营养和足够的呵护，宝宝健康，自然长得快。

宝宝发育缓慢的原因

1 活动量过大：在人的一生中，生长速度最快的时期是出生后的第一年。1 岁以内的宝宝还不会走路，因此活动量小，再加上摄取足够的营养和热量，使身体始终处于"入大于出"的状态。当宝宝长大后，倘若活动量过大，身体消耗过多，尽管吃得很多，一旦处于"入不敷出"状态就会导致"吃饭不长肉"。

2 睡眠过少：宝宝是在睡眠中长大的，人在睡眠时会分泌生长激素，可以促进人体生长发育。同时，睡眠时人的新陈代谢处于最低水平，消耗最小，因此也最有利于人体的生长发育。

3 喂养不当：妈妈们总是害怕宝宝吃不饱，过度喂养加重了宝宝肠胃负担，结果适得其反，让肠胃无法正常消化吸收，从而造成消化不良，影响发育。

4 消化不良：宝宝消化不良的话，就无法很好地吸收食物中的营养，久而久之会造成营养不良，身体自然不会长得快。这种时候家长需要带孩子去医院检查，在医生的指导下给宝宝护理身体，调理肠胃。

5 遗传因素：属于先天因素，如果爸爸妈妈双方都是比较瘦弱、长不胖的体质，那么也会影响到孩子，从小就偏瘦弱。

6 肠道寄生虫：肠道寄生虫大量吸取宝宝体内的各种营养，这时，宝宝便会出现"吃饭不长肉"的现象。爸爸妈妈可带宝宝去医院进行粪便化验。如果发现粪便中有寄生虫卵，那么，"吃饭不长肉"的原因便是寄生虫引起，应立即请医生为宝宝驱虫。

儿科医生说 如何让宝宝长得壮

- 养成良好的生活方式：饮食、睡眠、运动合理安排，规律作息。

- 饮食搭配均衡：肉、蛋、奶、谷物、蔬菜、水果等都要在宝宝的辅食中加入。

- 注意别缺钙：补充维生素D，促进钙吸收。

- 保持快乐情绪：不要给宝宝压力，给他提供轻松愉快的成长环境。

- 不挑食：营养不良、瘦弱的宝宝大多都有挑食的习惯，要想宝宝长得壮，就要纠正挑食的毛病。

纠正宝宝的不良饮食习惯

　　宝宝"无肉不欢"需要纠正。肉类的营养价值高，是宝宝生长发育所必需的食品，但若太偏好肉类的话，还是会导致营养失衡，所以妈妈要鼓励宝宝多吃蔬菜。

让宝宝健康吃肉

1 少用大块肉，尽量与蔬菜混合食用。如绞肉时加洋葱、胡萝卜做成肉饼；罗宋汤中的蔬菜经过与牛肉一起长时间的熬煮，混合了肉香味，宝宝也会比较喜欢。

2 尽量选购低脂肉类。妈妈应多选择饱和脂肪酸较少的鸡及鱼类，在烹调时，则建议采用水煮、蒸等用油少的方式，可减少热量、预防肥胖。

3 限量吃肉。如果宝宝因为吃肉太多导致肥胖，严重影响身体健康时，可将肉类取出置于小碟中，严格地执行限量食用。

育儿误区 孩子喜欢的食物都满足

- 家长要学会分辨食物的好坏，保证孩子均衡饮食，纠正孩子偏食、挑食的习惯，形成良好的饮食习惯。

- 不要一味纵容孩子，喜欢吃什么就让吃什么，即使不喜欢但健康的食物也要引导孩子吃，教育孩子只有不偏食、不挑食才能长得健壮。

孩子再喜欢，也不建议吃的食物

- 膨化食品，如袋装薯片。
- 煎炸食品，如炸薯条。
- 烧烤食物，如烤肉串。

让宝宝独立吃饭

随着宝宝渐渐长大，自主意识不断增强，爸爸妈妈要培养宝宝独立吃饭的习惯，如果宝宝存在不良饮食习惯要及时纠正。

训练宝宝自己动手吃饭

随着宝宝动手能力的加强，他的控制能力变得越来越好，想吃东西时能比较容易地把食物放进嘴里，这个时候，妈妈要有意识地训练宝宝自己动手吃饭。

准备宝宝喜欢的并且不易摔坏的餐具： 如果有宝宝喜欢的餐具，就可以增加宝宝对吃饭的好感。假如能带宝宝亲自去选购他喜欢的餐具，将会有更好的效果。给他们准备些打不烂的盘子、碗和杯子，因为当他不高兴的时候会把他的餐具扔掉。

食物要诱人： 为宝宝预先准备一份色、香、味俱全的食物，当然是促使宝宝喜欢吃饭的第一法宝。

一次给少量： 一次给予的食物量不要太多，也是准备食物的要点之一，因为容易吃完会增加宝宝吃饭的成就感。所以，以

少量多次"给予"的方式，再加上言语的鼓励，会让宝宝产生成就感，慢慢地就会喜欢吃饭了。

不要怕宝宝洒到身上

宝宝自己吃饭，不可避免会有遗漏，弄脏衣服，这时妈妈也不要制止宝宝，让宝宝把注意力集中在吃饭上。

儿科医生说 别给宝宝喝茶

茶对人的身体有益，但是3岁以下的宝宝不宜喝茶。茶叶里含有鞣酸和茶碱，这两种成分进入人体后，会抑制宝宝身体对一些微量元素的吸收，如钙、锌、铁、镁等，导致宝宝出现营养不良。此外，茶会导致宝宝贫血，原因是茶中的鞣酸与肠胃中的铁质反应后，会形成不溶解的铁质。

辅食要花样翻新

爸爸妈妈要给宝宝尝试多种食物，多种做法，不断翻新，不能让宝宝总吃喜欢的几种食物，而应该均衡营养、种类齐全。

辅食推荐

莲藕薏米排骨汤

原料： 排骨 100 克，薏米 50 克，莲藕 1 节。

做法： ①将排骨放入锅内，加适量的水，大火煮开转小火，煲 1 小时。②将处理好的莲藕、薏米全部放入锅内煮熟。

海苔饭团

原料： 海苔、白芝麻各 2 克，煮熟的豌豆、蛋黄各 10 克。

做法： ①泡好的海苔切碎；熟豌豆、蛋黄压碎。②混合后捏成小团，撒白芝麻即可。

肉炒茄丝

原料： 茄子 80 克，猪瘦肉 40 克，葱末、蒜末、盐各适量。

做法： ①茄子去皮洗净，和猪瘦肉同切成丝。②油锅烧热，放肉丝煸炒，倒入茄子丝，加入盐同炒，最后放葱末、蒜末，炒匀即可。

银耳雪梨粥

原料： 大米、雪梨各 30 克，银耳 20 克。

做法： ①银耳泡发切碎，雪梨洗净，去皮切成小块。②将大米、银耳、雪梨一同放砂锅中，加适量清水，同煮至大米熟烂即可。

护理

对于宝宝生活方面的照顾护理，父母要做到细致周到，居住、玩耍环境要卫生，衣物要舒服，出行时要注意安全。同时教育宝宝注意个人卫生，这样才能保证宝宝健康成长。

注意成长环境中的不利因素

随着宝宝的成长，护理的重点也在不断变化。父母要充满耐心和爱心地给宝宝提供健康的成长环境。

别让宝宝长时间看电视

电视可以开阔宝宝的眼界、增长知识，多彩的颜色和生动的画面，会引起宝宝极大的兴趣。但是，长时间看电视也有很多弊病。一般来说，1岁以内宝宝忌看电视；2岁以上宝宝看电视10~15分钟后，就应休息一段时间。

伤害眼睛： 宝宝眼球前面的角膜较薄嫩，前后径很短，眼肌力量较弱，晶状体也没有发育成熟，长时间看电视会造成视力问题。

控制时长： 长时间地看电视，会使眼肌过度疲劳，视力将变差，还可导致各种眼病。另外，宝宝对于电视光线时强时弱、快速的、跳跃式的变化很难适应，容易导致视觉疲劳、视力障碍，所以应避免让宝宝长时间看电视。

保持距离： 如果宝宝很想看，一定要注意眼睛与电视的距离，保持在电视屏幕对角线长度的5倍以上。电视画面的高度应比宝宝的双眼高度稍低一些。

看电视时注意室内光线

看电视时室内应有弱光照明，白天的自然光线更好，且让宝宝从正面看电视。电视屏幕的亮度要适中，音量不要太高。

儿科医生说 儿童长时间看电视的弊端

- 如果孩子整天坐着看电视，缺乏运动，神经系统得不到应有的刺激，将不利于神经系统的发育。

- 电视画面变换迅速，长时间注视电视屏幕，眼睛容易疲劳，甚至导致近视眼。

- 痴迷于电视的孩子，由于长时间处在虚幻的环境中，会疏远家人和朋友，容易导致性格孤僻，不善于在现实中和他人沟通。

让宝宝远离噪声污染

宝宝容易受到噪声污染而造成听力疾病，往往在没有任何痛苦的情况下听力逐渐减退。如果长期受到噪声刺激，宝宝会出现容易激动、缺乏耐受性、睡眠不足和注意力不集中等问题。

1 避免宝宝长时间处在电视或者高音量的立体声响旁。

2 当外面在打电钻或者工地上机器响个不停的时候，关上门窗，让宝宝待在噪声最小的房间。

3 确保家里所有的加热设备和制冷电器在噪声方面都能够达到合格的标准。

4 带宝宝出游时选择没有噪声的地点。

5 不要给宝宝玩噪声大的玩具。安全的玩具也要注意，不要因使用不当产生噪声危害。

脱臼与骨折的急救方法

关节受到外来强力撞击，就会发生脱臼，婴儿最常发生的是先天性骨关节脱臼。如果宝宝感到剧烈疼痛，局部变形，很可能就是骨折。

急救方法

若出现脱臼现象，要马上用三角巾固定患部，然后送往医院的骨外科，经医生复位后患部会立即愈合。脱臼虽然没有后遗症，但容易变成习惯性脱臼。

如果是手或脚骨折，应及时加以固定，用尺、木棒、厚纸板、筷子、木板作为夹板。如果是手，可固定在身上，然后送往医院。

同时，在骨折部位，可把冰袋放在夹板里，进行冷敷止痛。

怎么做夹板固定

夹板可以防止脱臼、骨折部位发生移动，一般需要等医生进行操作，但在一些紧急情况下，也需要家人为孩子进行简单的处理。步骤如下：

1 找可以弯曲同时又能提供良好支撑的东西做夹板，比如较厚的杂志。夹板最好能超出受伤部位，并且能够支撑伤口上方和下方的关节。

2 将夹板绑定到受伤部位，以支撑受伤区域。用胶带、纱布或布条固定夹板。注意夹板和受伤部位之间应该能够插入几根手指，不要将夹板绑得太紧，否则会加重疼痛。如果使用很硬的东西充当夹板，可以的话，尽量在夹板内垫一些柔软的布料，以增加伤者的舒适度。

冷敷止痛

夹板固定

睡眠

宝宝满 2 岁时每天需要睡 13 个小时左右。这一时期的宝宝有了自己的意愿，不想睡时，父母不要强迫他，否则宝宝反而不易入眠。

可以尝试分床睡了

此阶段正是宝宝独立意识萌芽和迅速发展时期，可以尝试安排与宝宝在同一个房间但分床睡。

如何帮助孩子适应分床睡

许多父母都会问到底宝宝多大了才能分床睡，这个问题没有确定的答案。宝宝 1 周岁以内尝试分床，比较容易实施，但是由于还在哺乳期，比较需要妈妈的照顾，许多家庭都不会过早分床睡。宝宝对妈妈比较依恋，过早跟妈妈分开睡，会让宝宝没有安全感。2~3 岁是宝宝分床睡的合适时机，父母要帮助孩子适应分床睡。

安全和健康是第一：注意宝宝的床离地面不要太高，以防宝宝跌落地面造成危险。若妈妈担心宝宝会踢被子而着凉，可以给宝宝挑选合适的睡袋。

睡前陪伴不孤单：有些宝宝对妈妈有强烈的依恋心理，很容易产生孤独感，妈妈可以在睡前多加爱抚或多陪宝宝一会儿，让宝宝克服恐惧心理。

宝宝耍赖不心软：刚开始尝试分床睡时，有些宝宝会耍赖，此时父母一定不能心软，耐心劝说宝宝回小床上睡。

儿科医生说 为什么要让宝宝分床睡

- 分床睡有助于孩子独立人格的养成，这对孩子日后的身心成长、能力提升都有着决定性的作用。

- 情感独立是独立人格的第一步，独立人格是一种"走出去的力"，它决定了孩子能否在起点上，保持与其他孩子的平衡。

- 情感独立是行为独立的前提，既然是前提，那么情感独立和行为独立之间就产生了必然关系。也就是说，没有情感独立，孩子无法获得行为上的独立。

- 不管是孩子的身心成长，还是能力、品德上的提升，都有一个前提，那就是独立。

不要让宝宝睡软床

宝宝自出生后，身体各器官都在迅速发育成长，尤其是骨骼，生长最快。因为婴幼儿骨骼中含无机盐较少、有机质较多，因此具有柔软、弹性大、不容易骨折的特点。但婴幼儿脊柱的骨质较软，周围的肌肉、韧带也很软弱，臀部重量较大，会将沙发、弹簧床压得凹陷，使得宝宝无论是仰卧或侧卧，脊柱都处于不正常的弯曲状态，严重时会导致宝宝驼背、脊柱凸向等畸形。这不仅影响宝宝体形美，而且更重要的是妨碍内脏器官的正常发育，危害极大。

宝宝晚上突然哭闹怎么回事？

可能是做噩梦了，爸爸妈妈要调整好宝宝白天的活动时间和活动量，不要让宝宝过于疲劳，白天不要让宝宝看气氛紧张的电视节目。

带宝宝亲自布置小屋

爸爸妈妈可以带宝宝一起选购儿童房的用品，选择宝宝喜欢且安全的装饰品、玩具、儿童床、衣柜。

1 让宝宝自己选购物品，能够增强宝宝的自主意识，让宝宝从心里认识到这是自己的物品。选购物品之后可以和宝宝一起装饰小屋，将小屋装饰得漂亮、舒适，宝宝会更加喜欢，有利于分房睡。

2 可以将宝宝喜欢的玩具也放在床边，让宝宝有熟悉的感觉。这样做会从心理上满足宝宝独立的需要，宝宝会感觉自己长大了，有了属于自己的一片小天地，同时又为宝宝创造了单独的睡眠环境。

给宝宝选择的床不仅要舒适，还要漂亮，带领宝宝一起装饰小床会有助于宝宝接受在小床上独睡。

疾病与不适

爸爸妈妈们都希望宝宝能健康地成长，但宝宝的活动范围扩大，相应的疾病有时也不好规避。那么日常生活中如何预防、减少生病的概率呢？

手足口病

手足口病是一种由肠道病毒引起的急性传染病，临床主要表现为发热及口腔、手足部位疱疹，多见于 5 岁以下的儿童，一般发生在夏秋季。

传播途径：主要是由粪—口途径、口—口途径、直接接触传播。

潜伏期症状：患手足口病的宝宝，大多数是先出疹子再发热，有时无发热。

典型症状：典型的皮疹分布在手掌、脚底板和口腔等部位，有时在膝盖和臀部也出一些皮疹，但几乎都不会扩散到全身。皮疹呈一粒一粒的红色小疹子，中央有珠光色透明的小疱疹，小疱疹 2~3 天会吸收，不结痂。口腔内疹子出得厉害时，口水就会增多。

手足口病得过后不会产生抗体，得过的宝宝有可能会再次得，接种手足口病疫苗可预防由 EV71 型病毒引起的重症手足口，适用于 6 个月以上的婴幼儿。导致手足口病感染的病毒除了 EV71 外，还有很多种，即使注射疫苗也不排除有再次感染的可能性。所以，平时注意卫生，防范宝宝手足口病非常有必要。

养成良好的卫生习惯，避免手足口病

饭前便后、外出后要用香皂给宝宝洗手，不要让宝宝喝生水、吃生冷食物，避免接触患病宝宝。看护人接触宝宝前，替宝宝更换尿布、处理粪便后均要洗手，并妥善处理污物。

儿科医生说 手足口病的防治

- 本病病情较轻，为防交叉感染，应就近就医，一般 7~10 天可痊愈。

- 手足口病为自限性疾病，没有特效抗病毒药物。高热且精神状态不好时可以服用退热药，多摄入液体，注意营养和休息。口腔不适，可进食温凉的流质或半流质食物。皮疹一般无须处理。

- 由于本病是通过呼吸道和消化道传染，所以在疾病流行季节要少带宝宝到公共场所游玩。

- 平时做到饭前、便后洗手，对生活用品等定期消毒。

反复呼吸道感染

反复呼吸道感染在幼儿期很常见，已成为困扰许多爸爸妈妈的一个问题。

反复患呼吸道感染的原因

暂时性免疫功能下降、营养状况不良、缺乏户外锻炼、环境不良、先天不足早产儿或有某些先天性缺陷（先天性免疫缺陷、肺发育不良、过敏体质）等。另外，护理不当，穿着过少、过多造成宝宝受凉感冒，呼吸道疾病治疗不彻底，均是呼吸道感染的原因。

如何预防宝宝反复呼吸道感染

安排宝宝的生活作息，要根据年龄特点，以满足其生理需要。合理安排饮食，使宝宝获得全面、均衡的营养，增强体质。加强锻炼，提高宝宝抗病能力，防患于未然，特别要注意病情缓解后的巩固治疗和调养。

水痘

小儿水痘是由水痘病毒引起的，潜伏期为 10~21 天，发病的宝宝会有轻微发烧、不适、食欲欠佳等与感冒类似的症状，然后身上会出现小红点，由胸部、腹部开始，再扩展至全身。

小红点变大，成为有液体的水疱。一两天后，水疱破裂，结成硬壳或疙瘩。新的小红点不断分批出现，并重复同一过程。

预防措施：

虽然水痘疫苗没有列在计划免疫范围内，但还是建议没有得过水痘的宝宝接种疫苗。

1 接种地点：社区卫生保健站、各医院保健科。

2 接种时间：最好在身边没有被感染的人时就注射疫苗，因为注射疫苗后，需要经过一段时间才能产生抗体，通常在 12~15 月龄、4~6 岁各接种 1 剂。

平时照顾宝宝要确保营养均衡，加强运动，增强抵抗力以防宝宝患病。

培养宝宝好习惯、高情商

爸爸妈妈要用适当的方式引导宝宝，用机智的方式与宝宝"斗智斗勇"，因势利导，帮助宝宝养成良好的行为习惯和开朗阳光的性格。

教宝宝养成良好的卫生习惯

宝宝会走后，眼界开始扩大，学习机会逐渐增多，应让宝宝主动参加一些盥洗活动，这是从小培养宝宝讲究清洁卫生好习惯的时机。

教宝宝漱口和刷牙

宝宝吃的辅食种类越来越多，口腔问题随之而来，为了保持口腔清洁，家长要教会宝宝漱口和刷牙。

正确漱口：教会宝宝将水含在口内、闭口，然后鼓动两腮，使漱口水与牙齿、牙龈及口腔黏膜表面充分接触，利用水力反复来回冲洗口腔内各个部位，使牙齿表面、牙缝和牙龈等处的食物碎屑得以清除。

刷牙的时间要充足：改良巴氏刷牙法，早晚各一次，至少 2 分钟。饭后至少等半小时后刷牙，吃饭过程中，食物、饮料、细菌会造成牙齿表面软化，饭后马上刷牙会造成这层软化牙齿过快磨损，饭后漱口即可。

教宝宝正确的刷牙方法：把牙膏挤到牙刷上（黄豆粒大小），顺牙缝由上而下、由下而上地竖刷。上下、内外都是顺着牙根向牙尖刷，牙合面可以横刷。刷完后用清水漱口。由妈妈检查，没刷干净的地方，妈妈用蘸过清水的棉签轻轻擦拭。

儿科医生说 给宝宝选择合适的牙刷

牙刷柄要直且粗细适中，便于宝宝满手握持，头柄间的颈部应稍细。

牙刷毛要软硬适中、富有弹性，毛面要平齐或呈波浪状，毛头应经过磨圆处理。

2~2.5 岁宝宝的牙刷，全长以 12 厘米左右为宜，牙刷头长度为 1.6~1.8 厘米，宽度不超过 0.8 厘米，高度小于 0.9 厘米。

通常，每季度应更换 1 把牙刷。如果刷毛变形或牙刷头积有污垢，则应及时更换。

从细节处培养良好的卫生习惯

随着宝宝活动范围的扩大，所接触的细菌也就多了。这就要求爸爸妈妈和宝宝共同注意保持个人卫生，不放过细节，养成良好的卫生习惯，才能有效避免细菌的侵袭。

保持皮肤清洁

每天早晨起床后，宝宝必须洗手、洗脸、学习刷牙漱口。睡觉前养成洗手、洗脸、洗脚、洗屁股、刷牙漱口的习惯。定期为宝宝洗头、洗澡、理发、剪指甲，培养宝宝随时注意仪表整洁的好习惯。

勤洗手

宝宝的双手接触物品多，更容易沾染细菌，因此饭前、便后洗双手是保证手部卫生的基本条件。爸爸妈妈还应教育宝宝，手弄脏后要随脏随洗，也可使用湿纸巾及时擦干净。

养成使用纸巾的好习惯

纸巾是一种卫生用具，教宝宝用纸巾擦汗、擦鼻涕、擦眼睛、擦嘴上的食物残渣、擦手、擦衣服上的污物等。还要从小培养宝宝咳嗽、打喷嚏时用纸巾捂住口鼻的好习惯，以防止口腔中的细菌或病毒随唾沫飞散，传播呼吸道疾病。

改掉坏习惯

不随地扔垃圾，不随地大小便。爸爸妈妈还要耐心纠正宝宝吮手指、挖鼻孔、抠耳朵等坏习惯，这些坏习惯既不利于健康，看起来也不文明雅观。为保证良好的卫生习惯的养成，爸爸妈妈要为宝宝准备洗漱的用品，每天坚持，从不间断，久而久之就能养成习惯。

平时照顾宝宝要确保营养均衡，加强运动，增强抵抗力以防宝宝患病。

带宝宝一起做家务

妈妈带着宝宝一起做家务，不光能养成宝宝爱干净的好习惯，还能培养宝宝的责任感。妈妈可以让宝宝做些简单的、力所能及的家务，如妈妈在清扫客厅的时候，让宝宝自己将自己的玩具放到指定的地方等，让宝宝有参与感。

培养宝宝高情商

自己的事情自己做

宝宝天真可爱，非常招人喜欢，可是爸爸妈妈的过分溺爱只会让宝宝养成一些坏习惯，而这些坏习惯是宝宝成长历程中的潜在危害。爸爸妈妈要教导宝宝自己的事情自己做，不要总想让别人帮他。

不利于宝宝独立能力养成的做法

1 有求必应：使他长大成人以后还是会倔强地认为所有的一切都是世界欠他的。

2 事事代劳：等到他 20 岁时再突然告诉他"自己决定吧！"对这种情况孩子必然会措手不及。

3 从不指出宝宝错误：一直不告诉他孰是孰非，待某日他犯下了错，他还以为自己没有错，是别人误解他。

4 替他收拾所有弄乱的东西：这样做会养成宝宝日后推卸责任，将别人的好意当成是理所当然的恶习。

5 永远站在他这边：当宝宝犯错时，爸爸妈妈也护着宝宝，这样会造成宝宝永远认为自己有理，自己是正确的，无法客观地看待和评价自己，处理问题也容易极端。

培养宝宝独立，自己的事情自己做，爸妈省心，宝宝受益终身。

因势利导，应对宝宝的逆反心理

宝宝越大越有小脾气了，而且总喜欢和妈妈对着干，妈妈越是不让他做，他就偏要做，把妈妈的话当成耳边风。有时候妈妈苦口婆心地告诉宝宝，不能去玩脏水，但是宝宝不但不听话，还把他的小脚伸进脏水里去，他就是要踩踩。面对宝宝的逆反心理，妈妈该怎么办呢？

应对宝宝叛逆的方法

1 对付宝宝的逆反心理，妈妈要因势利导，不能跟他硬着来，宝宝可是吃软不吃硬的。假如宝宝想去踩脏水，那可以扔一个废弃的小玩具进去，然后再把小玩具捞起来，给宝宝看看，这是多么脏的一个小玩具，如果宝宝去踩脏水，也会像小玩具一样那么脏。

2 宝宝的逆反心理并不会一直持续下去。在宝宝逆反的这段时间，可以带宝宝多出去走走，让他做一些益智型的小游戏，启发他的思维。最好不要让他独立做游戏，妈妈要参与进去，引导他不要做妈妈不允许的事情。当他想做时，妈妈可以试着转移他的注意力，让另一件事情分散他的注意力。

育儿误区 对宝宝的承诺不兑现

- 爸爸妈妈对宝宝的承诺一定要兑现，这不但是宝宝的要求，更应该是爸爸妈妈对自身的要求。轻易承诺，却不认真兑现，会导致宝宝对爸爸妈妈的不信任。

- 认真兑现承诺，会增强宝宝对人的信任程度和对世界的认可度。幼时对爸爸妈妈不兑现承诺的记忆，将深远地影响宝宝的未来人生。爸爸妈妈兑现承诺，宝宝也会兑现承诺，宝宝会由此成为一个守信而高尚的人。

在宝宝的叛逆期，爸爸妈妈可以让宝宝做些益智型的游戏来启发宝宝的思维，以转移注意力。

妈妈提问医生答

2岁宝宝的认知和语言表达能力大大增强，对世界也有了新的认识，自己会发现很多问题。同时，宝宝也有自己的想法了，有时会"固执己见"，家长要用正确的方式和宝宝交流，不要责备、打骂宝宝。

用语言表达

这一时期的宝宝可以用语言清楚地表达自己的感情和需求，爸爸妈妈可以和宝宝沟通得更顺畅。

如何应对宝宝总是问"为什么"

A 认真回答宝宝提出的问题 宝宝会说话之后，对周围的事物总是很感兴趣，总想问个"水落石出"，表现出强烈的求知欲。爸爸妈妈要认真回答宝宝提出的每一个问题，如果回答不上来就直接对宝宝说实话，不要编错误的答案骗宝宝。

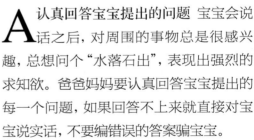

宝宝2岁身高体重参考

男宝宝的身高为84.3~91厘米，体重为11.3~14千克。
女宝宝的身高为83.3~90.2厘米，体重为10.6~13.2千克。

Q 宝宝总是和父母作对，怎么教导

A 正向对待宝宝的独立思想萌芽期 宝宝说"不"，这意味着他已经更多地了解了世界，并对周围世界又有了新的不同的看法，他想要试试自己能做什么，不能做什么。宝宝就是一个集独立性和依赖性于一身的个体，一方面有自己的主张，跟父母作对；另一方面还要依赖父母的照顾。父母要正确疏导宝宝的矛盾，教他明辨是非，不要坚持错的想法。

Q 宝宝太爱臭美了怎么办

A 宝宝处于审美敏感期，"臭美"也正常 宝宝知道穿着漂亮的衣服会赢得他人的夸奖，喜欢妈妈给他穿漂亮的衣服。爱美之心人皆有之，宝宝爱"臭美"未必就是件坏事。臭美是因为宝宝进入了成长的审美敏感期，是正常的，不用刻意纠正。

误以为异常的情况

生长速度变慢

1~2岁宝宝的体重全年约增加3千克。幼儿期体重的增加较婴儿期逐渐减慢，没有1岁以前长得快了，这是正常现象，只要精神好、身体健康，没有其他疾病，家长不用着急。2岁以后至12岁儿童的体重可用公式估测：体重=（年龄×2）+8（千克）。1~2岁宝宝的身高全年约增长10厘米，2岁以后身高可用公式估算：身高=（年龄×5）+80（厘米）。

宝宝太好动了，是"多动症"吗

宝宝除了睡觉的时候是安静的，其他时间一刻不停地动，拆卸玩具，注意力也不集中……难道我家宝宝有多动症？其实，大部分宝宝在2周岁时性格活泼、好奇心强、精力过剩，这并不是多动症的表现，只不过他们能够集中注意力的时间很短暂罢了。妈妈可以给宝宝找点适合他的活动，消耗过剩的精力。

第八章 3 岁

现在宝宝已经是个小大人了，不仅可以自主吃饭、自己脱衣、穿衣，而且也养成了自己的个性。这时爸爸妈妈要教给宝宝一些生活常识，以增强他的安全意识、自理能力和自立能力，同时爸爸妈妈要培养孩子一定的社交能力，这样宝宝才会变成可爱、受欢迎的孩子。

3 岁宝宝的五大能力

大运动 **①**

- 动作发育比以前成熟了很多，能熟练地跑，向前跳跃，踮脚用脚尖走几步；能双脚原地跃起，会单足立 5 秒钟；能把球掷过头顶，会一只手拍球，可连拍 3~5 下。
- 能攀过 100~150 厘米高的攀登架。
- 能迈过 15~20 厘米高的竿。

② 精细运动

- 宝宝会折纸，还可以画画。
- 会叠方块，边角基本整齐。
- 握笔姿势较以前正确，能画圆圈。
- 还能用线穿扣子，能熟练地用线穿起四五个扣子，并能将线从中拉出。

语言交流能力 **③**

- 用不同语调说句子，会背诵儿歌，能说出物品的用途和作用。
- 能背诵每首四五行，每行 5~7 个字的儿歌。
- 能准确说出物品的用途。

④ 认知能力

- 除了形象思维外，抽象思维开始发育，随着思维的发展，逐渐产生简单的联想，并能按照自己的联想做出假想性的表演活动。能模仿画直线和水平线，会用积木拼出各种形状，会说 1~5 的顺序数。
- 宝宝可以回答出"夏天热""开水热"等简短的判定语句。
- 宝宝可以将父母教的身体部位记得很清楚。

社会适应能力 **⑤**

- 宝宝可以自己刷牙，知道饭前便后要洗手；临睡前，可以自己将衣服脱下来，早晨能把一些简单的衣服穿上；进餐时会老老实实地坐在椅子上，吃完饭后，会主动放好椅子和餐具。
- 宝宝乐意帮爸爸妈妈干活，并做得有模有样。
- 玩游戏时，服从分配的角色，并服从规则。

喂养

三岁宝宝活跃好动，食量也大增，爸爸妈妈不仅要保证宝宝饮食丰富、搭配多样，还要将蔬菜与鲜豆类或豆制品多样化搭配，适量摄入脂肪，把粗粮加入宝宝的食谱中，并且可以将食物做得色彩丰富，这样更容易引起宝宝食欲。

平衡膳食，不暴食

爸爸妈妈要合理安排宝宝的膳食，帮宝宝养成不偏食、不挑食、不暴饮暴食的良好饮食习惯，才可获得全面、均衡的营养。

宝宝的饮食结构要平衡

为了获得必需的各种营养素，宝宝就要摄取多种食物。食物大体分为下面几类：谷物类、豆类、动物食品类、果品类、蔬菜类、油脂类。要使膳食搭配平衡，每天的饮食中必须有上述几类食品。

谷物：包括米、面、杂粮、薯等，是每顿的主食，提供宝宝必需的热量。

动物食品和豆类：动物性食品或豆类主要提供的蛋白质，是宝宝生长发育所必需的。人体所需的 20 种氨基酸主要从蛋白质中来。蛋白质来源不同，所含的氨基酸种类不同，每日膳食中豆类应适当搭配多种动物性食品，才能获得丰富的氨基酸。

蔬菜和水果：蔬菜和水果是提供矿物质和维生素的主要来源，每顿饭都要有一定量的蔬菜才能满足身体需要。蔬菜和水果是不能相互代替的。

油脂：油脂可以为人体提供必要的能量，有些植物油还含有少量脂溶性维生素，如维生素 E、维生素 K 等。所以，宝宝每天的饮食中也需要一定量的油脂。

宝宝的食物中适当添加粗粮

粗粮含有更多的赖氨酸和蛋氨酸，这两种氨基酸人体不能合成，而此时的宝宝生长发育过程中需要它们参与，家长应适当给宝宝吃粗粮。宝宝经常吃粗膳食纤维食物，可以促进咀嚼肌的发育，有利于牙齿和下颌的发育，能促进胃肠蠕动，增强胃肠消化功能，还能预防龋齿。

儿科医生说 直接吃水果比喝果汁好

有些妈妈可能觉得相比固体水果，给宝宝喝液体的果汁更加方便、更易被接受，认为鲜榨果汁就等同于水果，而且喝果汁比吃水果更安全，不用怕宝宝被噎到，所以妈妈们干脆就用果汁代替水果了。其实，这样做是不正确的。

榨汁后水果中的膳食纤维会大量流失，果汁中的营养价值没有水果中的高。

■ 鲜榨果汁可以保存水果中的大部分水溶性维生素，如维生素 C、B 族维生素，以及矿物质钾和可溶性的膳食纤维，但是大部分的膳食纤维和部分钙、镁等矿物质仍然保留在果渣中，不能被宝宝"喝"掉。

■ 经常喝果汁不吃水果，并不利于宝宝锻炼咀嚼能力，所以，即使是现榨果汁也不能代替水果。

不要纵容宝宝暴饮暴食

爱吃的东西要适量地吃，特别对食欲好的宝宝要有一定限制，否则会出现胃肠道疾病或者"吃伤了"以后再也不吃的现象。即使是水果，也不能由着宝宝的喜好大吃特吃，因为水果多富含果酸，过多摄入果酸易伤害宝宝的肠胃。吃饭时别忘了提醒宝宝细嚼慢咽，这样营养才能更好地被身体吸收。

不宜让宝宝吃过多巧克力

吃太多的巧克力往往会致食欲低下，影响宝宝的生长发育。所以不要让宝宝长期、过量吃巧克力，只能把巧克力当作偶尔的零食。

不宜让宝宝吃太多西瓜

不可一次让宝宝吃太多西瓜，否则会使胃液稀释，再加上宝宝消化功能没有发育完全，易出现严重的胃肠功能紊乱，引起呕吐、腹泻，以致脱水、酸中毒等症状，危及生命。如果宝宝腹泻时，更不要让他吃西瓜。另外，给宝宝吃西瓜时，一定要教他把西瓜子吐出来，以免误吸入气管。

宝宝食欲不振宜适当纠正

如果宝宝出现食欲不振的情况，父母要细心观察，排除器质性病变后，可用下列方法纠正：

1 适当服用药物：可让宝宝适当服用药物来刺激食欲，如山楂消食片、乳酸菌素片等。

2 打造轻松愉快的就餐环境：妈妈可把食物做成可爱的造型，或编个食物故事，吸引宝宝吃饭。在轻松愉快的环境中，宝宝会将食物吃下，且有助于食物的消化吸收。

3 科学喂养：父母不要把所有营养品都往宝宝肚子里装，也不要让他想吃什么就给他吃什么。科学合理的喂养，营养均衡的饮食习惯才能使宝宝养成良好的饮食习惯。

科学喂养，别让宝宝吃成"小胖子"

育儿误区 小孩胖一点没关系

- 肥胖不是什么"富态"，恰恰是不健康的表现，对宝宝成长危害极大。
- 造成健康隐患：过量饮食引起的体重增加无疑加重了心肺负担，影响心肺功能。
- 影响智力发展：肥胖儿很容易感到疲乏、嗜睡，精力不集中，思维迟钝。

吃得多，动得少，导致肥胖

宝宝吃得太多，又缺乏适宜的体育锻炼，结果摄入的热量超过消耗量，剩余的热量就转化成脂肪堆积在体内，引起肥胖。

宝宝肥胖的原因

一般来说导致宝宝肥胖的原因大致有：

遗传因素： 如果爸爸妈妈都肥胖，那么宝宝有 2/3 的概率会出现肥胖。

疾病原因： 内分泌异常、神经系统疾病和代谢异常也可引起肥胖症，这与单纯性肥胖完全不同，要经过医生仔细诊断。

少吃多运动，给"小胖子"减减肥

1 调整饮食结构：多选用一些热量少而体积大的食物以满足宝宝的饱腹感，比如富含膳食纤维的蔬菜，肥胖宝宝要少吃油腻食物，不吃肥肉，垃圾食品都不要吃。

2 改掉不良饮食习惯：肥胖宝宝常有一些不良的饮食习惯，爸爸妈妈要督促宝宝改正，不要让肥胖宝宝吃零食，在睡前吃东西，而且晚饭也应少吃。吃饭不要过快，应细嚼慢咽，吃到八九分饱即可。

3 适量增加运动：运动可增加皮下脂肪消耗，使肥胖逐渐减轻，增强体质。肥胖宝宝由于体重增加，心肺负担加重，体力较差，运动不能急于求成，要注意循序渐进，持之以恒。

儿科医生说
怎样不让宝宝肥胖

监测体重： 定期帮助宝宝检测体重，发现体重增过过快时，采取控制措施。

预防新生儿过重： 宝宝出生时体重过重，使今后发生肥胖的概率大大增加。

平衡膳食： 从小养成良好的饮食习惯，会让宝宝受益终身。

规律运动： 增加活动量以增加热量的消耗，是预防肥胖的一个重要措施。

警惕疾病导致宝宝肥胖： 有的宝宝食量大、体重大，也有可能是病态。

让辅食超越零食

美味的辅食让宝宝吃得有满足感，自然不再想念零食，于是零食就吃得少了，因此爸妈还需要花费心思做辅食。

辅食推荐

时蔬甜虾沙拉

原料：虾50克，圣女果20克，大杏仁、彩椒、芒果、蛋黄酱各10克，炼乳5克，柠檬汁适量。

做法：①虾处理干净，并上蒸锅隔水蒸5分钟。②圣女果洗净，对半切开；彩椒洗净，去蒂切成条；大杏仁碾碎。③芒果去皮，切块，放入搅拌机中打成泥，倒入碗中，调入炼乳、蛋黄酱、柠檬汁，充分搅拌均匀。④将虾、圣女果、彩椒、大杏仁倒入大碗中，调入芒果蛋黄酱搅拌均匀。

松子鸡肉卷

原料：鸡胸肉80克，虾仁50克，松子仁25克，胡萝卜15克，蛋清、盐、料酒、水淀粉各适量。

做法：①将鸡胸肉洗净，片成大薄片；胡萝卜洗净，去皮，切成末；松子仁洗净，虾仁切碎剁蓉，放入碗中，加盐、料酒、蛋清和水淀粉搅匀。②将鸡胸肉片平摊，在中间放入虾蓉和松子，卷成卷后把胡萝卜末塞入卷的两头。③将做好的鸡卷放入蒸锅，大火蒸6~8分钟即可。

芝麻海带结

原料：海带80克，白芝麻10克，盐、白糖、酱油、香油各适量。

做法：①白芝麻洗净，炒熟盛出，凉凉；将海带泡发，洗净，切成长条，打成结，煮熟，捞起沥干水分。②用酱油、盐、白糖、香油将海带结拌匀入味，撒上白芝麻即可。

护理

3 岁宝宝的护理需要更加用心，因为宝宝已经可以跑来跑去了，所以安全护理不能忽视。在生活上也要有意锻炼宝宝的独立自理能力，以便为入园做准备。

不忽视宝宝健康的每个细节

宝宝的健康状况需要时刻关注，还要保护好宝宝的牙齿和眼睛。事无巨细，不能松懈。

小心对待乳牙龋齿

健康的乳牙可以保证恒牙的正常发育和引导恒牙正常萌出。很多父母以为乳牙坏了不要紧，这种想法要不得。

影响恒牙健康：恒牙就在乳牙的下面发育萌出，如果乳牙龋齿特别严重，影响到乳牙牙根根尖部位就很有可能影响到下面恒牙的发育，导致恒牙形态异常。

使恒牙错位：因为几颗乳牙龋坏，使乳牙宽度减小，或者乳牙严重龋坏过早脱落，后面的牙齿前移，这样都会导致以后恒牙萌出的空间不足，恒牙会错位萌出。

及时治疗：为了减少宝宝牙疼的痛苦和以后恒牙的健康，要及时治疗龋齿。可去牙科医院专业的儿童口腔科诊治。

保护好牙齿，要好好刷牙

父母要给宝宝仔细刷牙，先让宝宝练习自己刷，然后父母再帮忙刷一遍，边刷边教宝宝如何正确地刷牙。时间长了，宝宝就能学会刷牙了。

儿科医生说 龋齿的原因到底是什么

龋齿的原因有以下几点：

- **细菌：**细菌在龋齿发病中起着主导作用，这些细菌与唾液中的黏蛋白和食物残屑混合在一起，牢固地粘在牙齿表面和窝沟中，使得牙齿脱钙、溶解。

- **高糖食物：**致龋的糖类很多，最主要的是蔗糖，担心宝宝龋齿就不要吃太多含糖量高的食物。

- **牙齿本身钙化不全：**钙化不足的牙齿，釉质和牙本质的致密度不高，抗龋性低，容易患龋齿。

定期给宝宝做健康体检

体检是通过对宝宝的健康状况、生长发育等进行连续监测，了解宝宝的生长发育情况，预防和处理宝宝常见病及某些特殊疾病，对宝宝的营养和体质发展提供指导。这些均有利于宝宝体格健康发育与社会行为的健康发展，所以，健康体检是非常重要的，年轻的父母们千万要加以重视。

让宝宝勤做眼保健操

做眼保健操不仅有助于保护视力，预防近视，而且对发展脑力有良好的作用，宝宝可以通过眼球的运动带动大脑运动。视觉神经属于中枢神经，注意运动眼球，可使肌肉逐渐发达，使眼神经传递信息的能力增强，从而使脑细胞的活动能力得到发展。

妈妈平时可以让 3 岁左右的宝宝练习眼球运动，经常练习可以使宝宝精神焕发，眼睛明亮灵活。

眼球运动方法：

1 自然闭眼，放松，先用眼球做左右水平移动 3 个来回，再让眼球顺时针和逆时针方向各转动 3 次。

2 稍休息片刻，睁眼平视前方，重复两次。眼球运动早晚各做 1 次。

注意宝宝排便时的状态

宝宝排便的次数是有个体差别的，健康的宝宝有的可能一天内排便几次，也有的可能两三天才排便一次。只要宝宝没有出现腹部胀大，排便时不感觉疼痛就无须担心。如果因为便秘造成宝宝没精神、食欲不振，可以通过按摩来促进排便。同时检查一下宝宝的日常饮食及饮食量，并注意多让宝宝吃一些富含膳食纤维的食物。

给宝宝准备一个儿童专用小马桶，培养宝宝养成良好的排便习惯。

睡眠

3岁宝宝睡眠时间每天要保证12个小时左右，当然有的宝宝精力旺盛睡得少，有的睡眠时间很长，只要不影响宝宝正常发育就可以。此时要继续让宝宝适应分床睡。

形成规律的睡眠，让宝宝活力十足

宝宝睡得好，才能精力充沛，有体力和精力去学习、去成长，因此家长一定要让宝宝形成规律的睡眠时间，让宝宝劳逸结合，健康成长。

遵守睡眠时间表

从满3岁起，宝宝每天平均要睡12个小时，要根据这一特点为其安排作息时间表，一到时间就告诉宝宝并哄其入睡。

遵守则给奖励：如果宝宝乖乖地遵守规则，妈妈可以给予奖励或称赞。宝宝的睡眠时间表一旦建立，就会形成自己的生物钟，到了睡眠的时间点，宝宝会困得无法睁眼，这样你的安睡计划就成功了。

父母树立好榜样："夜猫子"爸妈有晚睡的习惯，宝宝也很容易养成晚睡、晚起的习惯，这对宝宝的身体健康以及上学后良好作息习惯的养成都是非常不利的。所以从宝宝出生后，"夜猫子"爸妈也要注意改变作息习惯，为小宝宝做个好榜样。

尽量安排午睡：3岁以上的宝宝一般都需要午睡，午睡可以补充上午消耗的体力，使宝宝下午更加精力充沛，但时间不宜过长。

不宜让宝宝睡电热毯

有些新手爸妈怕宝宝睡觉冷，于是让宝宝使用电热毯，这是不可取的。据观察，经常睡电热毯的宝宝，容易烦躁、爱哭闹，还容易出现食欲缺乏现象。宝宝的体温调节能力差，若保暖过度会同挨冻一样对宝宝不利。高温下，宝宝体内的水分流失增

遵守睡眠时间表，时间长了，自然养成了规律睡眠的好习惯。

宝宝不午睡，别强迫

如果宝宝精神特别好，从小就不爱睡觉，爸爸妈妈也不要逼迫宝宝必须午睡。每个宝宝的情况是不同的，可以带着不午睡的宝宝看看书，或者做些安静的游戏。

儿科医生说 不同年龄的孩子，午睡需要多长时间

- 1岁的孩子，每天需要午睡2小时，如果孩子睡得很香，家长不要强行将孩子叫醒。
- 2岁至3岁的孩子，每天需要午睡1小时，如果孩子很困，也可以适当增加时间。
- 3岁以上的孩子，每天需要午睡半小时左右，如果白天精力旺盛，不午睡也是可以的。

多，若不及时补充液体，会造成脱水热、高钠血症、血液浓缩，出现高胆红素血症，还会引起呼吸暂停，甚至危及生命。另外，宝宝长期在电热毯产生的电磁场中睡眠，神经系统也极易受到损害，所以不要让宝宝睡在电热毯上，可以开电暖器取暖，但要远离宝宝。如果一定要用电热毯，也应该在宝宝临睡前进行通电预热，待宝宝上床时要切断电源撤出电热毯。

尊重宝宝的意愿，循序渐进分床睡

宝宝年龄越大，自主意识越强，分床就会越难，如果之前尝试分床睡没有成功，这时要继续进行分床睡的尝试。

分房也要讲究循序渐进，给宝宝一个缓冲期，开始的时候妈妈可以给宝宝讲故事哄他睡觉，在充分爱抚后他才会睡着。妈妈可以先不把房门关上，让宝宝随时能看到自己，这样做可以让宝宝在心理上有

安全感。渐渐地，可以在宝宝没有睡熟之前就离开，但是要让宝宝感觉到你就在附近，一直到他完全睡着。

宝宝鼾声较大宜引起重视

宝宝入睡后偶有微弱的阵阵鼾声，这种偶然的现象并非病态。如宝宝每次在入睡后鼾声较大，则应引起父母的重视，要及时去看医生，检查是否有增殖体肥大。增殖体是位于鼻咽部的淋巴组织，如果病理性增大，宝宝入睡后会引起鼻鼾、张口呼吸，增殖体肥大严重影响呼吸时可考虑手术摘除。

还有一种情况为先天性悬雍垂过长，可以接触到舌根，当宝宝卧睡时，悬雍垂可倒向咽喉部，阻碍咽喉部空气流通，导致发出呼噜声，亦可引起刺激发生咳嗽，可手术切除尖端过长的部分。

疾病与不适

当在照顾宝宝的过程中发现问题时，父母不要掉以轻心，要找出原因，或寻求医生的帮助。宝宝的一些状况可以通过日常生活慢慢纠正，必要时去医院治疗。

屈光不正

儿童远视、近视和散光都是屈光不正的表现。屈光不正对宝宝以后的生活会有很大的影响，及时预防是关键。

远视：是由于眼轴较短，在不使用调节状态时，平行光线通过眼的屈光折射后，主焦点落于视网膜之后，而在视网膜上不能形成清晰的图像。

近视：是眼睛在调节松弛状态下，平行光线经眼的屈光系统的折射后焦点落在视网膜之前，形成近视。

散光：是指眼球各径线的屈光力不同，光线不能在视网膜上形成焦点而形成焦线。

屈光不正有一定的遗传原因，还有一部分是由于不良的用眼习惯造成的，所以日常生活中家长要注意宝宝的用眼习惯，尽量让宝宝少看电子产品。

如果发现宝宝眼睛看东西的时候不自然，要及时去检查，有屈光不正的情况要及早矫正。

及时发现视力异常，及时矫正

父母如果发现宝宝经常歪头看东西，或者总是眯起眼睛、要走近才能看清东西，要及时带他到医院进行视力检查，看看是否存在屈光不正，以便及早进行治疗，降低影响。

儿科医生说 儿童屈光不正要及时矫正

- 3~7岁是视力检测的"黄金时段"，也是孩子屈光不正矫正的最佳时机，家长最好尽早带孩子去正规医院做眼科检查。同时家长也应该帮助孩子养成良好的用眼习惯，在患近视的儿童中，80%以上是从假性近视发展成真性近视的，因此做好假性近视的预防和治疗极为重要。

- 远视和散光是儿童形成弱视的重要因素，更需要及时矫正。

- 针对患有屈光不正的儿童，要给予正确的预防和治疗。

"内八字"

宝宝走路的时候，脚尖有点往里使劲，也就是俗称的"内八字"，用医学术语来讲，叫作"内旋步态"。大部分"内八字"都是一种正常的生理状态，往往有一定的家族史，也就是说在家族中有的人走路也这样，一般随着年龄的增长症状会逐渐减轻。

矫正方法：

1. 让宝宝坐着玩的时候注意让他盘着腿坐，不要呈 W 型坐着。

2. 给他买硬帮的鞋，穿一段时间，可一定程度上纠正他走路的姿势。

口臭

宝宝嘴里有臭味，大多数情况是因为不注意口腔卫生及消化不良引起的。吃过零食后，父母不督促宝宝刷牙，食物的残渣就会留在口腔里发酵，从而导致口臭。宝宝胃炎、便秘或消化不良，也是导致口臭的常见原因，只要疾病治愈后，口臭也就消失了。父母应找到导致宝宝口臭的原因，对症施治。日常生活中不让宝宝吃太多零食、甜食，让宝宝适当吃些蔬菜、水果，以防便秘，这样既有利于牙齿健康，也有利于胃肠道健康。每天给宝宝用儿童专用牙刷清洁口腔。如果有口腔疾病，应及时治疗，清除病因，异味才会消失。

头发细软、发黄

宝宝头发细软、发黄，在排除遗传因素的影响后，一般是由于营养缺乏引起的。宝宝体内缺乏维生素 A 和 B 族维生素及叶酸、钙、锌、铁等营养元素，会影响头发的正常生长。

因此，要注意宝宝的科学饮食，不偏食、不挑食，适当多吃些营养丰富的食物，如黄绿色蔬菜、豆类、蛋类、鱼虾类、动物肝脏、贝类等。

如果宝宝头发细软、发黄，日常要注意均衡饮食，调整作息，适当增加户外活动，必要时完善相关检查。父母也可每日为宝宝做头皮按摩，以促进血液循环，增强营养供应。

培养宝宝好习惯、高情商

俗话说"三岁看小，七岁看老"，一定要把握住宝宝性格养成的重要时期，为宝宝未来健康性格和人格培养打好基础。

培养宝宝注重礼貌和礼仪

一个孩子是否有礼貌，不但可以看出孩子的家教，而且还可以看出孩子的生活环境。孩子有礼貌，并不是一下就养成的，而是经过反复实践而来。所以，想让孩子成为有教养的人，最好从小就开始慢慢教育。

培养宝宝懂礼貌，做人见人爱的"小可爱"

有礼貌的宝宝招人喜爱，但是要让宝宝讲礼貌，确实有点强人所难。我们常说"言教不如身教"，培养懂礼貌的宝宝需要爸爸妈妈的积极引导。

爸爸妈妈要以身作则：培养宝宝懂礼貌，应从爸爸妈妈自身做起。因为宝宝的礼貌语言、礼貌行为都是来自对成人行为的模仿。爸爸妈妈是宝宝的第一任老师，自己的一言一行、一举一动，都在无形中感染和熏陶着宝宝。所以，爸爸妈妈要从生活中的点滴小事做起，为宝宝树立一个讲文明懂礼貌的好榜样。

让宝宝学会礼貌地与同龄小朋友相处。

教宝宝遵守社会公德

爸爸妈妈带宝宝到公共场合时，可引导宝宝学会与人礼貌交往，比如，不要大声喧哗；买东西要排队、不插队、不乱挤；乘车时遇到老弱病残人士以及孕妇和抱小孩的人，要学会主动让座；无意中做了冒犯别人的事情时，要及时主动道歉。

学会尊重宝宝： 文明礼貌看起来是一种外在的行为表现，实际上反映了一个人的内心修养。有自尊的宝宝会尊重自己，维护自己的人格尊严；懂得尊重他人的宝宝在说话时往往会顾及他人的感受。因此，爸爸妈妈在生活中要做到尊重宝宝，以应有的尊重对待宝宝，宝宝才会懂得尊重他人。

表扬宝宝有礼貌的行为： 要让宝宝学会礼貌待人，平时的表扬和鼓励非常重要。因为只有表扬和夸奖才能让宝宝体会到有礼貌的宝宝受人喜欢，有礼貌的宝宝会有很多朋友，间接地培养了宝宝自信、开朗和活泼的性格。

儿科医生说 如何在日常生活中不断强化宝宝讲礼貌

- 爸爸妈妈经常使用礼貌用语，如"请""谢谢"等。
- 宝宝有不礼貌的言行及时纠正，不要觉得童言无忌而一笑置之。
- 带宝宝去不同场合，教导其随时注意礼貌。
- 高度表扬、赞美宝宝的礼貌行为，强化宝宝的礼貌意识。

宝宝懂事后要学的 6 种餐桌礼仪

1 请长辈先入座。在孩子小的时候，父母就要做好示范，吃饭时先请家中长辈入座，并先给长辈盛饭。在长辈还未动筷之前，晚辈不应自顾自地先吃起来。在父母把碗递给宝宝时，宝宝应双手把碗接过来，表示对长辈的尊敬。

2 吃饭时不要离开座位。除了帮忙拿东西外，最好不要让宝宝吃饭时离开餐桌，饭前要处理完上厕所的问题，以免吃饭时去。

3 避免在盘中翻来翻去。不要为了挑自己喜欢吃的菜而用勺子或筷子在盘中翻来翻去。有的宝宝甚至将自己喜欢的菜从盘中全部挑走，全然不顾其他人，这是一种失礼的行为，爸爸妈妈要及时制止并教育。

4 吃饭时嘴不要发出声响。教育宝宝咀嚼的时候尽量闭着嘴，喝汤的时候也慢慢等汤凉了再喝，不要上来就呼噜噜地喝。

5 不要隔着别人够取食物。教育宝宝吃自己面前的食物，如果想吃离自己较远的食物，可以跟家人说，让其他人帮忙取，教育宝宝隔着人够取食物是一种不礼貌的行为。

6 吃饭时不要敲打碗筷或大声喧哗。吃饭时要保持安静，敲打碗筷是一种不礼貌的行为，父母要以身作则教育宝宝。

培养宝宝高情商

三岁是宝宝性格塑造的重要时期，爸爸妈妈要根据宝宝此时的性格特点做有针对性的引导，如果宝宝太过害羞就要鼓励宝宝勇敢表达；如果宝宝脾气暴躁就要让他学会健康的情绪表达方式。

鼓励宝宝探索与尝试

宝宝见到外人扭扭捏捏，让他打个招呼开口特别困难，出门紧紧抱着妈妈的脖子，让妈妈做什么事都不方便……造成宝宝胆小的原因有很多：

对宝宝限制过多：因为怕宝宝受伤不让宝宝去尝试，使得宝宝丧失了从实践中获得知识、取得经验的机会，造成宝宝胆小、怯懦。

与家庭环境有关：有些宝宝生活范围很小，平时只生活在自己的小家庭里，很少出去玩，接触外人少，使宝宝依赖性较强，不能独立地适应环境。

家庭教育不当：有些宝宝在家里不听话，哭闹或不好好吃饭时，大人常用使宝宝害怕的语言来吓唬他，会使宝宝失去安全感，从而形成胆小、怯懦的性格。

让宝宝多接触外界

对于胆小、怯懦的宝宝，随着年龄的增长，只要让他多接触外界的事物，多认识世界，多与小朋友交往，并鼓励他去探索与尝试，也是可以培养出勇敢的精神，成为一个勇敢的人。

儿科医生说 如何让胆小的孩子变得勇敢

- 尊重孩子的个性。对于比较敏感的孩子要多几分安慰、多几分尊重。
- 儿童生活阅历还很少，对新东西包括新玩具感到好奇、害怕，是很正常的，此时家长要保护宝宝，给宝宝适应的过程。
- 家长要为孩子做勇敢的榜样。
- 要及时表扬孩子的勇敢行为，比如孩子在打防疫针时，没有大哭。
- 带孩子多接触外界人和物，增加生活经验，消除恐惧感。

正确对待宝宝的暴力

宝宝有时候会兴奋地揪住妈妈的头发不放；和小朋友一起玩时，不知为什么便上手去抓，甚至抓破对方的脸；有时候则会用牙齿咬小朋友的手。如果能明白并懂得成人说话的意思，在遭到训斥后，会打妈妈的脸，借以表达不满情绪……遇到这种情况，家长要及时疏导他的情绪，并让他明白可以有更好的方式表达自己的情绪和情感。

父母应当怎样做

对宝宝来说，"暴力"是他认识世界、处理周围环境的一种常见的方式。正确的介入方法是平心静气地对待，然后转移他的注意力。

宝宝抓人、打人的目的仅仅是出于想交往时，你可以告诉他，这不是让别人喜欢和感到舒服的交往方式，交朋友应该是握握手或者拥抱。

父母应以积极热情的方式对宝宝的良好行为给予鼓励，尤其是那些平时习惯打骂、呵斥、批评宝宝的父母，更应注意自己的态度。

别让宝宝从攻击中获得任何好处。宝宝第一次用武力抢玩具，只是出于一种本能，而他一旦从中获益，便会聪明地把两者联系在一起，认为只要这样做一定可以得到玩具，便会养成习惯。

通过讲道理引导宝宝行为

从只通过行动解决问题，到通过思考和行为解决问题，这是宝宝成长过程中的又一里程碑。这一能力的拥有，使得爸爸妈妈通过讲道理引导宝宝行为成为可能。但如果爸爸妈妈认为宝宝具备了这样的能力，而忽略了宝宝的自我意识，爸爸妈妈的道理就不能引导宝宝的行为——这个年龄段的宝宝仍然是仅仅站在自己的角度看问题，宝宝所有的行为都是出于自愿。宝宝能听懂一些道理，但爸爸妈妈要通过道理引导宝宝行为，还需要细心把握宝宝的意愿，要"润物细无声"。

教导宝宝用正确的方式表达自己的感情，用友好的方式代替暴力。

教会宝宝应该掌握的技能

这一时期的护理已经不局限在帮宝宝做什么了，而是要教宝宝自己去做力所能及的事。"授人以鱼，不如授人以渔"，帮他做不如教会他自己做，毕竟宝宝要成长，长大后要独立面对生活中的一切人和事。

让宝宝学会自我服务

培养宝宝的自理能力，让宝宝掌握自我服务的本领。随着宝宝年龄的增长和各系统功能的完善，他能逐渐具备各种生活自理能力。爸爸妈妈要因势利导，从小培养宝宝自己料理生活方面的独立性，防止

产生依赖性。自理能力的培养也是促进、锻炼宝宝技能的过程，是培养劳动观念的过程，这对宝宝今后的学业和生活，对适应复杂的社会生活都是十分有益的。

积极引导： 宝宝开始学习做事时，手的动作还不协调，有时会搞得乱七八糟，爸爸妈妈不要责骂他，这样会打击宝宝的积极性。首先应加以鼓励和表扬，然后再教他怎么做，并给予一些必要的帮助。这样使他体验到做事成功的快乐，意识到自己的能力，从而更激励他主动学习，独立探索。

爸爸妈妈的正确态度： 如爸爸妈妈嫌宝宝慢、麻烦，而一切代劳或过分溺爱、过分照顾，就抑制了宝宝独立性的萌芽，使他养成一切依赖于别人的习惯，这对宝宝是害而不是爱。

学习穿脱衣服： 1 岁多的宝宝已会脱衣，但不会穿；2 岁以后逐渐会穿鞋和穿袜，在爸爸妈妈的协助下穿衣；3 岁时已能自己穿衣系扣了。

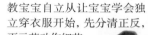

教宝宝自立从让宝宝学会独立穿衣服开始，先分清正反，再示范动作细节。

儿科医生说 培养宝宝自理能力的重要性

- 有利于培养独立意识。
- 有利于培养自立习惯。
- 有利于培养独立性格。
- 有利于适应幼儿园集体生活。
- 宝宝多自己动手做事，能促进大小肌肉群和动作协调性的发展。
- 有助于培养自信心，养成凡事不依赖他人的性格。

宝宝在学习穿衣的过程中，爸爸妈妈一定要耐心指导、协助

宝宝穿裤子时告诉他，要先把裤子的前面朝上放好再伸两腿；穿衣时先用两手抓住衣领披到身后再将手伸进两袖；系衣扣时从下往上系，以免对不齐；教他如何分清鞋子的左右等。穿错了就帮他整理好重新穿，使宝宝感到爸爸妈妈对他的信任和支持，如果做不到，也不要训斥或提出过高要求，以免使宝宝失去学习的信心和兴趣。

"做好功课"，让宝宝尽早适应幼儿园生活

为了培养宝宝良好的社会适应能力，尽早学会与人相处，提高言语能力和思维能力，让宝宝参加集体活动是非常必要的，因为宝宝到了3岁就应该上幼儿园了。宝宝初去幼儿园时，由于环境的生疏，常会在生理和心理上产生一些不适应，如饮食减少、睡眠不安、情绪不稳定、不说话，甚至拒绝进食。针对这种情况，妈妈可以采取一些措施来减轻宝宝的不适应。

日常生活中多与邻居家的宝宝玩耍

让宝宝学会和别人相处，为过集体生活做准备。加强宝宝独立生活的能力，如学会自己洗手、吃饭、穿脱衣服、独立睡眠等，这样，宝宝上幼儿园后可少碰到一些生活上的困难。了解一下幼儿园的作息制度和要求，入园前就让宝宝在家照这个作息制度生活一段时间，入园后会更快地适应新环境。

让宝宝喜欢和向往集体生活

上幼儿园前几天多带宝宝去幼儿园玩，熟悉幼儿园的环境，和幼儿园的小朋友交朋友，一起做游戏，唱歌跳舞。家里的谈话要围绕幼儿园的优点说，也要和宝宝讲讲入园的道理，鼓励宝宝自己愿意去幼儿园。

态度要坚决

有些宝宝不愿意上幼儿园，总是哭闹甚至拒食，遇到这种情况，必须坚持将宝宝天天送幼儿园，并且态度要坚决，要告诉宝宝"明天该去幼儿园了"，而不要说"明天去幼儿园好不好"。

和活泼的小朋友玩

如果宝宝比较胆小、内向，可以先向老师介绍一下宝宝的性格特点，请老师给宝宝介绍一个活泼外向的小朋友一起玩耍，宝宝会更容易适应。

妈妈提问医生答

3岁宝宝运动能力、注意力、记忆力都比之前有所发展，同时，宝宝形成了自己的性格及行为习惯。此阶段的宝宝，也要开始上幼儿园了，爸爸妈妈要教会宝宝学会融入集体，与小朋友友好相处。

注意身心健康

宝宝刚上幼儿园，可能在心理上很难适应，从而身体也跟着出现一系列反应，爸爸妈妈要帮助宝宝度过这一关键的时期。

Q 宝宝爱咬人怎么办

A 宝宝爱咬人可能是心理因素导致的，爸爸妈妈一定要立即制止宝宝的咬人行为，并告诉宝宝咬人是不对的，会把小朋友咬伤。还有些宝宝爱咬人是心理因素造成的，爸爸妈妈要给宝宝更多关爱，引导宝宝合理表达情绪，改掉咬人的不良习惯。

宝宝3岁身高体重参考

男宝宝的身高为91.1~98.7厘米，体重为13.0~16.4千克。
女宝宝的身高为90.2~98.1厘米，体重为12.6~16.1千克。

宝宝在幼儿园，与小朋友打打闹闹、意见不合是常有的事，要教导宝宝合理表达自己的情绪。

Q 宝宝遗尿有什么解决办法吗

A 做排尿练习 5岁以前夜间尿床都属于正常现象，遗尿的男孩比女孩多。可以训练宝宝练习排尿，鼓励他多喝水，然后要求他逐渐延长排尿的时间，学会控制膀胱的收缩，遗尿就会大有好转。同时，注意不要责备尿床的宝宝，免得给宝宝造成心理负担，加重遗尿情况。

Q 宝宝生病了，吃药还是打针

A 听从医生的建议 宝宝生病，只要上医院，医生就会对症下药，但是父母在口服药、打针还是静脉注射方面总是存在疑问。一般情况下，医生会根据具体情况来决定该吃药、打针还是静脉注射。既然咨询了医生，还是尽量听从医生的建议较好。

误以为异常的情况

性格固执，不听话

宝宝的第一反抗期出现在 2~5岁，之前宝宝只会服从大人的指令。2岁以后就开始学会了反抗，想方设法按照自己的想法去行事。发生反抗是正常的发育过程，是宝宝独立的前奏曲，也是一件非常有意义的事情。肯定了这一点，那么心态就会平和一些，责备并不能带来更好的结果，只会使矛盾激化，并影响宝宝的心理发育。

宝宝长大了，可是饭量没有长

宝宝的饭量并不会因为长大而水涨船高。如果正处于炎热的夏季，宝宝的饭量可能还会减少。如果春天刚过，由于之前宝宝吃饭特别香，那么到了这个月，有可能会出现厌食，食欲没有之前那么好。不强迫宝宝吃饭，给宝宝吃饭自由，是让宝宝更好吃饭的方法。

附录 特别宝宝的养护

早产儿护理

妈妈要付出更多的精力和耐心来照顾早产儿。一般来说，怀孕未满 37 周出生的宝宝称为早产儿。与足月儿相比，早产儿发育尚未成熟，体重多在 2 500 克以下，即使体重超过 2 500 克，也不如足月儿成熟，所以早产儿更要吃最有营养的母乳。

坚持母乳喂养

早产儿营养供给要及时，最好是母乳喂养。早产儿妈妈的乳汁中富含各类营养物质，包括蛋白质、钙、维生素 A 等，所以早产儿尤其要母乳喂养。

如果不能母乳喂养，那么最好去购买专为早产儿配制的配方奶粉。

给早产儿储备母乳

大多数早产儿都会在医院住上几天，可能暂时不能实现亲喂。此时，妈妈要坚持挤奶，一开始，需要每天至少挤 5 次，每次约 20 分钟。挤出的奶放冰箱冷冻，在 8 天之内喂给宝宝，超过这个期限的母乳就不要再喂给宝宝喝了。

避免给早产儿用奶瓶

为防止早产儿发生"乳头混淆"，在宝宝住院期间，妈妈可以告诉医护人员，尽量不用奶瓶喂奶，而改用针管或小杯子等。如果早产儿已经开始用奶瓶，妈妈也不要过于焦虑，只要多花些时间，宝宝还是会习惯吸吮妈妈的奶头的。

怎样护理早产儿

早产儿属于特殊的新生儿群体，一出生就应该得到特有的关爱和照顾。为了更好地照顾早产儿，需要采取以下措施：

1. 注意给宝宝保温。注意室内温度，因为早产儿体内调节温度的机制尚未完善，失热很快，因此保温十分重要。室温要控制在 25~27℃，每 4~6 小时测一次体温，保持体温恒定在 36~37℃。

2. 补充各种维生素和矿物质。由于早产儿生长快，营养又储备不足，维生素 A、B 族维生素、维生素 C、维生素 E、维生素 K、钙、锌、铜、铁等都应分别在出生后一至两周开始补充，最好喂食母乳，母乳中的矿物质、维生素、蛋白质、脂肪酸、抗体的含量都高，正好适合快速生长的早产儿。

3. 谨防感染。早产儿的居室避免闲杂人员入内。接触早产儿的任何人（包括新妈妈和医护人员）须事先洗净手。接触宝宝时，大人的手应是暖和的，并且不要随意亲吻、触摸宝宝。

4. 定期回医院追踪检查及治疗。如黄疸、心肺、胃肠消化等疾病的检查及接受预防注射等。

剖宫产宝宝的护理

剖宫产宝宝由于没有经受产道的自然挤压，在呼吸系统方面较弱，需要在出生后加强护理，新手爸妈要注意。

坚持母乳喂养

由于剖宫产宝宝没有经过产道，未接触母体菌群，加上抗生素的使用以及母乳喂养延迟，其肠道中的有益菌数量少，因此他的免疫力比自然分娩的宝宝弱，患过敏、感染的风险较高。为了预防外来细菌感染和过敏反应，最好的办法就是坚持母乳喂养。

轻轻摇晃

剖宫产宝宝的平衡能力和适应能力可能比自然分娩的宝宝稍弱，所以宝宝出生后，爸爸妈妈应该多抱着宝宝轻轻摇晃，让宝宝的平衡能力得到初步的锻炼。摇晃时要注意不要太用力，否则容易损伤宝宝大脑。

多做运动

多让宝宝做运动，可增强免疫力。满月后，爸爸妈妈应多帮宝宝翻身，利用宝宝固有的反射反应训练宝宝抓握。稍大点可以训练宝宝爬行、迈步。

抚触按摩

皮肤是人体接受外界刺激的最大感觉器官，是神经系统的外在感受器。多给宝宝做抚触按摩，可以刺激神经系统发育，促进宝宝生长及发育。

做抚触按摩，爸爸妈妈要用爱、用情、用心抚触宝宝的每一寸肌肤。要做到手法温柔、流畅，让宝宝感觉舒适、愉快。抚触顺序：前额→下颌→头部→胸部→腹部→双上肢→双下肢→背部→臀部。

坚持晒太阳

宝宝满月后可对宝宝进行空气浴和日光浴。选择晴朗的天气，让宝宝呼吸室外的新鲜空气，接受日光的照射，可增强宝宝触觉感受，促进其新陈代谢。

养护双胞胎

由于在妊娠期，妈妈的营养要同时供应两个胎宝宝生长，因此双胞胎宝宝大多数没有单胎宝宝长得健壮，其对环境的适应能力和抗病能力均较一般单胎新生儿差。新手爸妈如果护理不周，会使双胞胎宝宝易患病，因此对双胞胎的喂养和护理要加强。

预防低血糖

双胞胎出生后 12 个小时之内，就应哺喂 50% 的糖水 25~50 毫升。这是因为双胞胎宝宝体内不像单胎足月儿那样有那么多的糖原储备，饥饿时间过长会发生低血糖，影响大脑的发育。

双胞胎用品

现今有许多市售的双胞胎使用的婴儿车、婴儿床、摇篮等，一是方便，二是可以让双胞胎和多胞胎宝宝从小培养起亲密无间的亲情，妈妈不妨给宝宝准备一下。

坚持母乳喂养

母乳喂养的双胞胎宝宝需要按需哺乳。一般体重不足 1 500 克的双胞胎宝宝，需每 2 小时就要喂奶一次；体重在 1 500~2 000 克的宝宝，夜间可喂 2 次奶；体重 2 000 克以上的宝宝，一般每 3 小时喂一次。

哺喂宝宝时间应统一

如果错开两个宝宝哺喂的时间，会导致妈妈没有休息的时间，过度疲劳，进而影响乳汁的分泌量，形成不良的循环，所以妈妈尽量同时哺喂双胞胎。

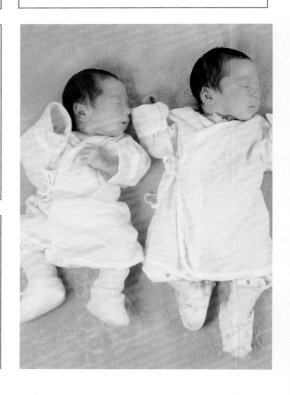